ZHINENG ZHIZAO XITONG DE SHUZI LUANSHENG JISHU
JIANMO YOUHUA JI GUZHANG ZHENDUAN

智能制造系统的数字孪生技术

建模、优化及故障诊断

罗智勇 ◎ 著

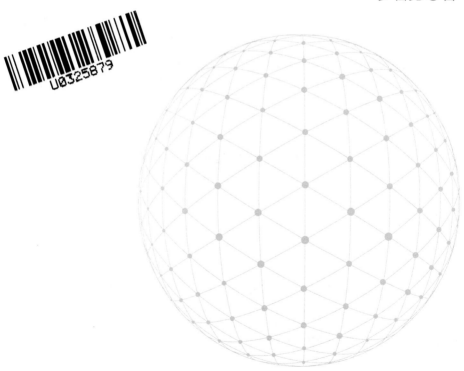

化学工业出版社

· 北京 ·

内容简介

本书以"数字孪生技术"为主题，围绕智能制造过程中数字建模、流程优化及故障诊断涉及的智能算法展开研究，针对典型工艺流程优化及故障诊断遇到的难题，给读者提供相应的应对策略和技术思考。

本书重点阐述智能制造过程中的数字孪生技术，介绍了智能制造系统中的数字孪生建模技术、典型优化问题、有约束优化调度、非线性优化调度、故障冲突诊断、智能制造系统数字孪生系统平台搭建等内容，突出智能制造数字孪生技术在建模、优化和故障诊断过程中的有效性，并配以相应的实例，确保读者能直观和准确地理解各算法的精髓。

本书适合生产企业和智能制造管理部门的技术与管理人员，高等院校、科研单位计算机科学与技术、智能制造、机械电子工程等相关专业的师生阅读，为他们解决工作、学习和研究中遇到的问题提供参考。

图书在版编目（CIP）数据

智能制造系统的数字孪生技术 ： 建模、优化及故障诊断 ／ 罗智勇著. -- 北京 ： 化学工业出版社，2024. 7. -- ISBN 978-7-122-46377-7

Ⅰ．TH166

中国国家版本馆CIP数据核字第2024ME5783号

责任编辑：夏明慧
责任校对：宋 玮
装帧设计：王晓宇

出版发行：化学工业出版社
　　　　　（北京市东城区青年湖南街 13 号　邮政编码 100011）
印　　装：涿州市般润文化传播有限公司
710mm×1000mm　1/16　印张 17　字数 355 千字
2024 年 7 月北京第 1 版第 1 次印刷

购书咨询：010-64518888　　　　售后服务：010-64518899
网　　址：http://www.cip.com.cn

当今，人类正面临着第四次工业革命，智能制造成为各国竞争的焦点之一。在这一趋势下，许多国家纷纷提出了本国智能制造的战略发展规划，如美国的 SPM 计划、德国的"工业 4.0"计划、欧盟的未来工厂计划等，世界各大国已经拉开工业制造新时代的竞争大幕。与此同时，我国也开始了"新工业革命"下的智能制造模式创新和工业改革，制订了"中国制造 2025"战略发展规划，提出了"创新、协调、绿色、开放、共享"的新发展理念。数字孪生技术和"新一代人工智能"为智能制造全程优化指明了方向，同时也为其提供了强劲的创新动力。智能制造只有在融合全程生产工艺的基础上，充分利用大数据并紧紧围绕优化目标，使用人工智能、云计算、数字孪生建模及仿真和优化控制理论等信息技术动态平衡各冲突指标点，才能实现制造工业整体资源的调度协控，最终形成"分散资源集中调度"和"集中资源分散服务"的智能制造新格局，为我国率先完成第四次工业革命作出贡献。

《智能制造系统的数字孪生技术：建模、优化及故障诊断》一书以智能制造系统为研究对象，充分利用数字孪生、人工智能、建模优化和故障诊断等技术，较为系统地阐述了如何融合这些技术解决智能制造系统中生产工艺优化调度存在的问题。因此，本书所阐述的内容具有理论和实际双重价值，能够给广大读者带来一定的帮助。

本书总结了笔者攻读博士期间的研究及其科研团队关于数字孪生、生产工艺建模优化及故障诊断等方面的研究成果，并将这些成果分成8章，各章之间相互关联，形成一个有机的整体。第1章讲述了智能制造和数字孪生技术的发展历程以及国内外研究现状，指出了数字孪生技术的本质及意义，阐述了数字孪生技术在智能制造过程中的具体应用及未来发展趋势；第2章讲述了智能制造、数字孪生、建模技术和优化调度所涉及的基本理论、基本概念、技术体系、常见的实现方法和相关工具；第3章讲述了基于数字孪生的智能制造所涉及的一些建模技术，包括线性模型、决策树模型、工作流模型和概率图模型等；第4章讲述了智能制造系统数字孪生建模、模型描述、优化时需要考虑和解决的问题；第5章讲述了线性工作流模型、决策树虚拟工作流模型等技术的定义，并结合某汽车制造企业的具体情况介绍了这些模型的优化算法；第6章讲述了非线性工作流虚拟技术的定义，并结合某汽车制造企业的具体情况介绍了非线性工作流虚拟技术的建模及优化算法；第7章结合某汽车制造企业的工艺链流程，重点阐述了某些生产工艺流程的故障冲突诊断过程和系统执行性能分析，并介绍了汽车制造数字孪生体工作流冲突诊断模型量化求解和故障冲突诊断算法；第8章结合某汽车制造企业的汽车智能制造数字孪生系统平台具体开发过程，阐述了该平台的设计需求及目标，以及功能结构和软件架构所遵循的一般原则。

本书内容的顺利完成，要感谢哈尔滨理工大学计算机科学与技术学院G820实验室的研究生汪鹏、朱梓豪、王静远、杨旭、张文博、王建明、许瑞、李子祺、宋伟伟、曹宇彤、张玉、刘心彤、谭善鑫、陈亚楠、许海峰、王姝懿、孙哲、滕文瑶、姜昊、赵梦迪、李光政、韩瑞、宋家宝和王晓杰等，以及本书相关参考文献的作者和评阅的专家、教授！

本书涉及的技术领域较广，所解决的技术问题较为复杂，难免存在疏漏，恳请广大读者批评指正。

著者

第 4 章

智能制造系统数字孪生的
典型优化问题

智能制造系统的数字孪生技术

建模、优化及故障诊断

Chapter
1

智能制造与数字孪生概述

工业制造对人类发展起到至关重要的作用。当今，人类正面临着第四次工业革命，智能制造成为各国竞争的焦点之一。数字孪生技术的出现加快了智能制造的发展进程，为智能制造提供了强劲的创新动力。本章主要阐述智能制造和数字孪生技术的发展历程、研究现状及未来发展趋势，让广大科研工作者能够对其有较为全面的了解。

1.1
智能制造概述

制造是指人们根据某种需求，手工或利用相关工具将某种原材料转化为可使用的物质产品的过程。制造过程中所产生的人类活动总和称为制造业。智能制造则是指利用智能知识或技能，借助先进的设备，在专家系统的辅助下，形成人机交互的一体化制造系统，并通过操作人员设置相关参数，自动将某原材料转化成可被使用的物质产品的过程。智能制造是传统制造与计算机、人工智能相结合的产物，前者体现了加工的过程，后者则体现了运用智能算法进行建模、量化、分析、推理判断、优化求解等智力劳动的过程，两者结合达到了精确制造、绿色制造、快速制造和柔性制造的目的。智能制造是人类物质文明发展的基础，也是各个国家经济发展的重要支撑，同时还是第四次工业革命争夺的重点领域。为此，我国科研工作者也在该领域开展了大量的研究工作。

1.1.1 制造业的发展历程

制造业的发展可追溯到石器时代。人类与动物的根本区别就是加工制造，早期的人类主要通过加工简单的生产工具达到提高生产力的目的。随着人类加工材料优化技术的逐步提高，制造业相继进入了新石器时代、青铜器时代和铁器时代。当时，人类的制造能力和社会生产力虽然有了很大的提高，但由于缺乏系统性自然科学知识体系的辅助，制造过程仅停留在经验传承等手工技艺层面，导致人类物质文明的发展很快进入技术创新瓶颈，长期处于半机械化手工作坊式制造时代。直到17世纪后期，伴随着数学、物理学、化学等自然科学体系的建立，制造业迅速进入第一次和第二次工业革命时代，这一时期的制造业已经进入了自动化生产的时代。20世纪40年代末，伴随着计算机技术、生物技术和新材料技术的形成与发展，制造业进入第三次工业革命时代，这一时期的制造业呈现出大规模生产的特征。21世纪初，随着人工智能、量子计算、物联网、5G通信、数字孪生、石墨烯材料和仿生生物等技术的迅猛发展，制造业由此开启了智能制造时代，世界各国纷纷争夺这一标志性成果，都想成为第四次工业革命的领导者，拥有引领世界的制造能力。

1.1.1.1 第一次工业革命时代

制造业进入第一次工业革命时代是以英国工程师瓦特于1765年发明的蒸汽机为标志，图1-1为瓦特和他的蒸汽机。蒸汽机的出现为制造业提供了持续、稳定和大功率的生产动力，使制造业从半机械化手工作坊时代进入大工业时代。19世纪初，随着美国富尔顿发明了第一艘汽船、英国史蒂芬发明了蒸汽机车和1830年首条客运铁路的运营，交通工具也完成了巨大的技术变革。这些都为制造业产品的全球运输提供了便利，制造技术也随着产品全球化的需求得到了空前的发展。

图1-1 瓦特和他的蒸汽机

1.1.1.2 第二次工业革命时代

丹麦科学家奥斯特于1820年发现了电磁效应；同年，法国科学家安培提出了电流相互作用定律；1831年，英国科学家法拉第提出了电磁感应定律；1864年，英国科学家麦克斯韦提出了电磁场理论。这些理论的提出及完善为发电机、电动机、电器设备的发明及应用奠定了理论基础，也为电气时代的到来提供了可靠的技术保障。电能的出现改变了制造设备的内部结构，使之具有清洁、体积小、能耗低、性能高、价格便宜和操作简单等特点。这些特点使电动设备较蒸汽设备更具竞争优势，从而制造业结束了蒸汽机时代，进入了电气动力时代，这也为第二次工业革命时代的到来提供了动力保障。

19世纪末，内燃机的出现成为汽车制造业发展的重要标志。这一阶段的代表为：1860年，法国科学家艾蒂安·勒努瓦发明了瓦斯燃料内燃机；1887年，德国科学家卡尔·本茨发明了高速汽油发动机；1893年，德国科学家鲁道夫·狄赛尔发明了大马力柴油机；1896年，美国企业家亨利·福特发明了新型四轮汽车。内燃机虽然极大地促进了汽车制造业的发展，但汽车制造仍然以单件生产为主，不能满足人们快速增长的物质需求。经分析，汽车的单件生产具有如下特点。

① 生产者即为经营者，他们熟练掌握全部生产环节的技艺，从汽车生产公司处承接订单，采用机械方法独立完成整车的生产。

② 经营组织单一，经营者负责与整车全部零件的供应商及顾客、雇员联系。

③ 制造过程采用通用机床设备，独立完成整车各环节所用原材料的加工。

从汽车单件生产的特点可知，这种方式存在以下缺点。

① 生产周期长，产量极低，且成本极高。

② 产品累积误差大，即从汽车生产设计到产品交付，由于对各环节误差的累积调整，导致最终产品与最初设计大相径庭。

③ 生产者技能培养周期长，导致技术人才短缺。

汽车单件生产模式的缺陷阻碍了汽车制造业的发展，而汽车的需求量又急剧飙升，为此，汽车制造企业急需对生产模式进行改革。1908年，美国福特汽车公司率先完成了此项工作，提出了一系列新型的产品生产模式。

福特公司将汽车单件生产过程分解为若干个加工工序，每个生产车间专门负责各自工序的加工，然后在装配大厅完成整车的装配工作。这种新型的产品生产模式被称为流水线生产方式，如图1-2所示。

图1-2　福特公司的流水线生产方式

流水线生产方式克服了单件生产的缺点，具有如下优势。

（1）实现了生产模式的系统化

单件生产将整个生产过程集中到某个车间的某个人。而流水线生产则将整个生产流程按工序分配到不同的车间，每个车间只负责固定零配件的加工，各个车间相互配合，产品在不同车间来回流动，最终完成整个产品的组装工作。这种生产模式具有严格的系统性，符合系统控制理论。

（2）实现了劳动力配置的便利化

流水线生产使产品加工被科学地分散到不同的生产车间，每个车间的工人只需要精通本车间的工作即可，从而缩短了技能培训周期，也提升了员工的专职技能。若由于订单激增而导致人力短缺，公司也可在短时间内招到人员，他们只需要经过短期培训就能胜任工作，并完成产品的大批量生产，从而实现了劳动力资源配置的便利化。

（3）实现了生产设备的高效化

流水线生产模式下的车间专门负责某个固定配件的批量生产，这样，该车间可以只配置该配件所需的生产设备，而这些设备也只用于该配件的生产，不负责其他无关配件。因此，生产设备的使用具有高效化等特点。

（4）实现了产品质量问题的责任化

单件生产模式下，产品的整个生产过程集中在单个车间或个人，而同一批次的订单又包含多个产品，由不同的车间或个人负责其中的一个，当所有产品生产完后要汇总在一起，进行订单交付。因此，该批次订单中的某个产品存在缺陷，不容易排查，也无法进行准确的追责。流水线生产模式下，由于车间负责专门的配件，该配件出现的问题必定是该车间造成的。因此，单产品的某部分出现质量问题，很容易进行定位及追责。

（5）实现了产品生产的规模化

流水线生产模式使产品某配件的生产固定到某车间，由于该车间长期从事固定配件的生产，因此生产速度会越来越快，最终形成产品的批量和规模化生产。

福特公司提出的流水线生产方式大大促进了汽车的制造，为汽车迅速进入欧美国家作出了非常重要的贡献。当然，流水线生产方式也引起了其他制造业的变革，最终开启了第二次工业革命，也为第二次世界大战各产品的大量消耗提供了快速补给。

1.1.1.3　第三次工业革命时代

第二次世界大战后，全球进入了久违的和平时期，人们的市场需求也呈现出多样化、快速化、个性化和高品质化等特点。这些需求极大地促进了科技的发展，人类逐步开启了信息经济时代。计算机设备的出现标志着信息经济时代的到来。世界上第一台计算机设备 ENIAC 是美国宾夕法尼亚大学的莫克利（John W.Mauchly）和艾克特（J.Presper Eckert）于 1946 年研制的。该设备重约 30 吨，占地约 170 平方米，使用了大约 18000 个电子管，可提供 5000 次 / 秒的算力，能耗约 150 千瓦，如图 1-3 所示。

计算机设备 ENIAC 的出现给人类计算工具的升级提供了新的思路，随后计算机的发展经历了第一代电子管计算机（1946—1958 年）、第二代晶体管计算机（1958—1964 年）、第三代集成电路计算机（1964—1970 年）、第四代大规模集成电路计算机（1970 年至今），目前正朝着第五代量子计算机快速发展。

图1-3　世界上第一台计算机

　　计算机技术的出现极大地推动了信息技术的发展，而信息技术在各领域的广泛应用也引起了制造业的快速变革。1952 年，美国麻省理工学院综合了计算机技术、信息技术和机械制造技术发明了世界上第一台数控机床，如图 1-4 所示。数控机床的出现在世界各地引起了轰动，被认为是第三次工业革命时代的开始，从此制造业进入了信息发展时代。这一时期的制造业相继出现了计算机数字控制（Computer Numerical Control，CNC）、计算机直接控制（Computer Direct Control，CDC）、计算机辅助设计（Computer Adide Design，CAD）、计算机辅助工艺规程设计（Computer Aided Process Planning，CAPP）、计算机辅助几何图形设计（Computer Aided Geometric Design，CAGD）、计算机辅助制造（Computer Adide Manufacturing，CAM）、管理信息系统（Management Information System，MIS）、计算机集成制造（Computer Integrated Manufacturing，CIM）、成组技术（Group Technology，GT）、柔性制造（Flexible Manufacturing，FM）、精良生产（Lean Production，LP）、并行工程（Concurrent Engineering，CE）、敏捷制造（Agile Manufacturing，AM）、智能制造（Intelligent Manufacturing，IM）和工业机器人（Industrial Robot，IR）等新技术。

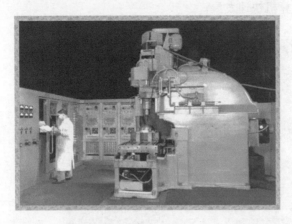

图1-4　世界上第一台数控机床

第三次工业革命时代有如下特点。

（1）制造模式发生改变

第二次工业革命呈现出削减式模式；而第三次工业革命则呈现出叠加式模式，这主要是由数字化制造引起的。

（2）制造规模发生改变

第二次工业革命采用机器流水线的方式制造产品，更加注重产品的规模化和标准化；而第三次工业革命以互联网为依托采用智能算法对用户提出的具体需求进行大规模制造，是一种个性化消费的生产模式。

（3）能源使用模式发生改变

第二次工业革命时代的生产设备主要消耗不可再生能源，对环境也造成了很大的污染；而第三次工业革命时代，遵循全新的数字化理念，按照可持续发展的要求，优先使用绿色能源，降低碳排放，采用再生性能源使用模式。

第三次工业革命的本质是，以计算机控制为中心，融合互联网、新材料、新工艺的数字化制造过程，推动社会生产和人类生活方式的变革。

1.1.1.4 第四次工业革命时代

随着信息技术的进一步发展，特别是物联网、移动 App、大数据、3D 打印、云计算、5G 通信以及人工智能等技术的普及，智能制造也迎来了群体性的技术革命，朝着绿色低碳、协同互联、智能服务以及数字孪生等方向发展。自 2012 年开始，各国纷纷提出了智能制造发展战略，如德国的"工业 4.0"、美国的"先进制造领导力战略"、英国的"工业 2050 战略"、欧盟的"欧洲工业数字化战略"和我国的"中国制造2025"等，这些发展战略拉开了第四次工业革命的序幕。第四次工业革命的主要特征就是智能互联，主要涉及人工智能、生物科学、石墨烯、分子工程、新材料、量子信息、虚拟现实、数字孪生、清洁新能源、可控核聚变以及互联网等技术。目前，我国在第四次工业革命的竞争中处于领先地位，尤其是在量子信息方面，有望成为第四次工业革命的引领者。图 1-5 为我国科学家潘建伟及其团队研发的量子计算机原型机——祖冲之号。

图 1-5　实验室中的量子计算机原型机——祖冲之号

从制造业的四个发展历程可以看出，人类制造技术的变革总是与市场需求和科技发展密切相关，每一次工业革命都是为了满足人类日益变化的市场需求根据当代最新的科学技术平稳演化的。目前制造业正沿着信息密集化、柔性自动化、数字孪生化、人工智能化的生产方式发展，以满足当代人们的小批量、多品种、定制式的市场需求，这势必会加速第四次工业革命的进程，进入智能自动化生产时代。

1.1.2 智能制造的研究现状

智能制造是制造业与科技发展相结合的必然产物，为更好地发展智能制造，各国推出了符合自身实际的一系列战略措施。

（1）智能制造在美国的研究现状

早在 1992 年，美国政府就推出了包括智能制造在内的一系列"关键重大技术"新政策，次年又批准了"先进制造技术计划 ANT"。ANT 计划是由联邦科学工程与技术协调委员会 FCCSET 主持的，目的是促进美国智能制造的发展，提高产品的国际竞争力。美国国防部也于 2005 年推出了"下一代制造技术计划"，将智能制造列入了重点发展领域。2010 年，美国政府又推出了"美国制造业促进法案"，将人工智能的相关算法应用到智能制造过程中，全面提升美国制造业的竞争优势。随后，美国政府又在 2012 年签署了"先进制造业国家战略计划"，将智能制造列为国家战略发展规划的一部分，强化了智能制造的战略地位，智能制造技术也成了美国的战略核心技术。2014 年，美国数字化制造和设计创新联盟 DMDI 正式成立，并将智能机器、网络实体安全、先进制造和先进分析定为核心技术，努力提升数字化智能制造的能力。同年末，美国政府组建了"智能制造创新机构"，将智能传感器和复杂工艺优化调度应用于智能制造，全面促进了美国制造业的发展。

从美国一系列机构的建立和法案的提出可以看出，美国十分重视本国智能制造的发展，这也为其他国家智能制造改革提供了一定的参考。

（2）智能制造在欧盟的研究现状

欧盟也是较早发展智能制造的超国家组织，早在 1994 年就通过了智能制造的新研发项目确定了以智能制造为主的 39 项核心技术。到了 1995 年，又启动了以"智能制造系统"为计划的十年发展项目。2007 年，提出了第七个技术发展"框架计划FP7",明确了"大力发展智能制造技术,促进制造业"的新变革。2010年,进一步确定了"智能制造系统2020路线图",明确了智能制造的总体发展规划。同年推出了"欧盟2020"战略,努力提高欧盟各成员国的产品制造能力,全面提升其国际竞争力。2015年,欧盟提出了"单一数字市场"战略,将智慧工厂、大数据、云计算、数字标准和技能等领域相融合,构造"未来工厂"战略计划,并将该计划与德国的"工业4.0"战略相统一,最终在2021年确定了"工业5.0"战略规划。

德国一直是智能制造的积极倡导者,人工智能研究中心DFKI于2005年提出了"智慧工厂"计划,即"工业4.0"的雏形。直到2010年,德国正式公布了"德国高技术2020战略",将智能制造列入优先重点发展的五大领域之一。2011年,德国正式提出了"工业4.0"的概念,将虚实世界进行融合,极大地推动了制造业的变革创新。随后,德国"工业4.0"工作组于2013年发布了"保障德国制造业的未来——关于实施'工业4.0'战略的建议",明确了"工业4.0"的发展规划图。不久,德国政府将其纳入"高技术战略2020",列为国家战略发展规划。目前,德国"工业4.0"融资达到2亿欧元,主要用于全面提升智能制造的技术水平,提高制造企业的国际竞争力。

(3)智能制造在日本的研究现状

日本于1990年提出了大力发展智能制造的十年发展规划,并与欧共体和美国商务部共同成立了智能制造系统IMS委员会。随后,利用十年时间先后投入1500亿日元发展智能制造,如"流程工业洁净制造""21世纪全球化制造""快速产品开发"等。1994年,日本与欧共体和美国共同启动了"先进制造国际合作研究项目",旨在提升日本的智能制造能力,该项目得到了欧盟各国的积极响应。次年,日本公布了"2015年制造白皮书",强调了大数据和物联网在制造业中的作用,明确了将继续应用人工智能、机器人等技术,确保智能制造产品的国际竞争力。

(4)智能制造在中国的研究现状

我国的智能制造起步较晚,但发展速度很快。在2012年,我国工业和信息化部就制定了"智能制造装备发展专项2012年实施指南",对智能制造相关参数进行了全面阐述。2014年,国务院和工信部又推出了"国务院关于加快发展生产性服务业促进产业结构调整升级的指导意见",将智能制造作为工作目标。2015年,工业和信息化部制定了"2015年智能制造试点示范专项行动实施方案",确定了智能制造专项行动的试点单位。2016年,我国开始实施"中国制造2025"规划,将智能制造列为国家制造业发展的重中之重,努力将我国从制造大国转变为制造强国,让智能制造成为我国制造业转型的新方向。

为响应"中国制造2025",工业和信息化部、国家标准化委员会制定了"国家智能制造标准体系建设指南(2015年版)",确立了智能制造的标准化体系结构。该体系结构共包括三个部分,分别是A基础共性、B关键技术和C重点行业,如图1-6所示。我国十分重视智能制造的发展,力争率先完成制造业的第四次工业革命。

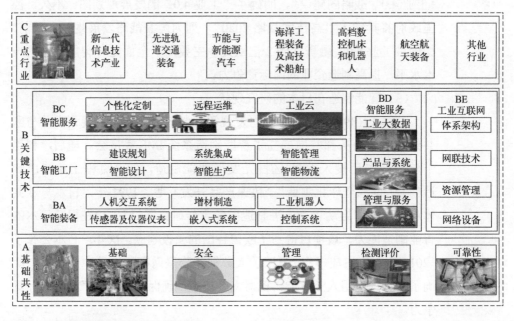

图1-6　智能制造的标准化体系结构

1.2
数字孪生概述

模型是产品制造过程中的一个重要内容，在人类生产的不同时期有不同的定义，也发挥着不同的作用。早在 2002 年，美国密歇根大学教授 Michael Grieves 在其生命周期管理中心成立时的演讲中首次提出了 PLM 模型，即产品生命周期管理（Product Lifecycle Management）模型，如图 1-7 所示。该模型提出了现实空间和虚拟空间等概念，并阐述了现实空间和虚拟空间之间数据流和信息流的相互转换。虽然 PLM 模型比较简单，没有引起制造业的普遍重视，仅被称为"镜像空间模型"，但其涉及的新概念和新思想，正是数字孪生技术的核心要素，因此该模型也算是数字孪生技术的雏形。2012 年，美国航空航天局 NASA 率先提出了数字孪生技术，并作出了相关说明：数字孪生技术是利用传感器技术将产品的物理模型及历史运行数据从现实空间抽象为虚拟空间，即由计算机建立数字模型，该数字模型被称为实物的孪生体。通过对孪生体进行优化监控，可实现对实物产品在加工全生命周期各环节的最优控制。2014 年，Michael Grieves 教授在其编写的《Digital Twin: Manufacturing Excellence through Virtual Factory Replication》白皮书中正式提出了数字孪生的概念，引起了制造业的广泛重视。

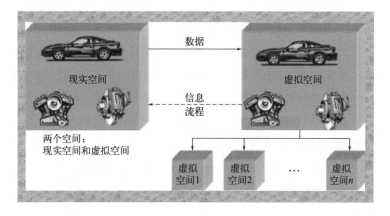

图 1-7　Michael Grieves 的 PLM 模型

1.2.1 数字孪生的发展历程

随着智能制造相关技术尤其是信息技术的不断发展，数字孪生技术也得到了不断深化及应用，目前已经成为一项新兴产业，在国民经济中发挥着越来越重要的作用。简单地说，数字孪生是模型技术进一步发展的结果。因此，数字孪生的发展历程总体上分为两大阶段，即早期模型应用阶段和近期数字仿真应用阶段。

（1）早期模型应用阶段

数字孪生的本质就是建模技术，而模型的建立最早可追溯到古代的军事领域，当时作战双方为更好地制订作战计划，对地形进行了实物建模，即沙盘推演。古人可以通过这种近似实物的孪生体制订最佳的作战计划，达到出奇制胜的作战目标。由于当时的技术有限，这种类似沙盘推演的孪生体仅局限在模型层面，无法实现物理空间和虚拟数字空间的实时数据转换。

随着科技的发展，数字孪生的雏形逐渐形成，比较典型的应用就是美国国家航空航天局 NASA 在二十世纪六七十年代提出的阿波罗计划（Apollo Program）。为更好地实现人类登月愿望，美国国家航空航天局在实验室环境中建立了大量的仿真模型。这些模型初步实现了物理空间和虚拟数字空间的数据转换，成为现代数字孪生的雏形。数字孪生的早期模型主要呈现以下特点。

① 虚拟空间所建立的实物仿真体与物理体完全一致，包括外观尺寸、物理结构、物理和化学性质等。

② 通过三维仿真软件实现虚拟空间与物理空间的数据转换，利用模拟技术来反映物理实体在自然环境下的各种运行状态，避免发生各类故障，达到系统最优。

系统仿真的出现，使人们意识到虚拟空间模型对于提高现实生产力和降低生产成本的重要性，也极大地促进了相关软件和仿真技术的发展。虚拟模型的孪生体由于具有上述两个特点，也引起了智能制造领域的高度重视，因此，数字孪生概念的提出也成了水到渠成的事。

（2）近期数字仿真应用阶段

与 Michael Grieves 教授长期合作后，美国国家航空航天局 NASA 成功地将数字孪生技术应用到航天器的生产制造中，有效地降低了物理机的研发成本，也为航天器在太空中运行的远程监控和故障诊断提供了可靠的保障。由此看来，数字孪生已成为 NASA 的核心技术。NASA 更是在 2010 年提出了"数字孪生体 2027 计划"，该计划将在未来 20 年内开发出一套数字孪生体工程体系。美国空军在 2013 年提出了"全球地平线"计划，重点介绍了数字孪生，并将其视为"改变游戏规则"的技术。随后，美国空军与波音公司将数字孪生应用到先进飞机的设计与生产过程中，对飞机模型各项性能指标的测试起到了关键作用，有效地提高了生产力，降低了飞机制造的各项成本。德国西门子在 2016 年将数字孪生应用到自身产品的设计和生产过程中，构建了一条数字化生产线。2016 年，我国正式使用数字孪生技术，到 2018 年达到了一定的规模，数字孪生为我国智能制造的发展起到了非常重要的作用。

综上所述，数字孪生在人类智能制造中已得到普遍应用，目前正逐步渗透到智慧城市、智慧交通、智慧水利等领域，其技术和概念也在不断发展和演变。

1.2.2 数字孪生的研究现状

数字孪生技术以独特的优势一经提出就引起了各国政府的高度重视，也掀起了一场产业革命。各国学术及工业部门纷纷投入大量的人力、物力和财力对数字孪生展开研究，并取得了丰富的成果。

（1）数字孪生在国外的研究现状

数字孪生的概念起源于美国，截至 2016 年，美国在数字孪生方面的研究文献数位居世界第一。在美国，除了国家航空航天局 NASA 和空军研究实验室 AFRL 将数字孪生应用在航空航天领域以外，国家标准与技术研究院 NIST、佐治亚理工学院、宾夕法尼亚州立大学等众多研究机构也将其应用在智慧城市、智慧工厂、3D 打印等领域。截至 2020 年末，美国各科研单位发表的数字孪生文献总数位居世界第二。数字孪生对美国各领域科技发展起到了至关重要的作用。随着德国"工业4.0"战略的提出，德国工业界和学术界也越来越重视数字孪生技术，并将其视为"工业4.0"的关键。以德国西门子公司和亚琛工业大学为代表的科研机构对数字孪生技术进行了深入研究和实践，截至2020年末，德国的数字孪生总发文量跃居世界第一，其中，亚琛工业大学的总发文量位居世界第二，西门子公司的总发文量位居世界第三。国外其他发达国家也非常重视本国数字孪生技术的发展，截至2020年末，发文量位居世界四至十位的国家依次为俄罗斯、英国、意大利、法国、西班牙、印度和瑞典。据世界知识产权组织WIPO统计，数字孪生专利的申请数量呈现逐年上升的趋势。截至2020年末，提交数字孪生专利申请的外国国家或地区主要有美国、日本、韩国、英国、加拿大、印度和欧盟等，其中，美国被受理92项、欧盟33项、日本11项。在国际方面，国际标准化组织ISO针对数字孪生技术也开展了相关的研究工作，积极推进两个数字孪生标准的制定，分别是可视化组件和系统架构。电气与电子工程师协会IEEE围绕数字孪生成立了两个工作组，分别是P2806和P2806.1，其中，P2806负责智慧工厂物理实体的表征建模工作，而P2806.1负责数据连接性工作。国际电信联盟ITU-T也围绕数字孪生智慧城市和智慧社区等领域制定了相关标准。工业测控和自动化IEC/TC65与工业自动化系统和集成ISO/TC184联合成立了"智能制造参考模型"工作组IEC/TC65/JWG21，围绕智能制造中的数字孪生技术展开研究，积极制定参考模型框架的相关标准。

（2）数字孪生在国内的研究现状

数字孪生技术的研究在我国起步较晚，但进展较快，这与国家的重视以及科研机构和制造企业的投入密不可分。2017年，陶飞教授的"数字孪生车间：一种未来车间运行新模式"成为我国数字孪生方面的首篇论文，引起了国内各行业的重视，开启了我国广大科研工作者对数字孪生的研究热潮。同年，北京航空航天大学联合12所高校成功召开了"第一届数字孪生与智能制造服务学术研讨会"，吸引了大量制造业科研人员参会，使数字孪生迅速得到了我国制造业的重视。这一时期，国家也推出了若干关于加快数字孪生技术研究的专项工作，如科技部的"网络化协同制造与智能工厂"、工信部的"工业互联网创新发展工程"和"智能制造综合标准化与新模式应用"等。与此同时，我国制造企业也积极响应国家政策，深入开展数字孪生技术、标准和应用的研究，涌现出一大批较好的科研单位，如中国电子技术标准化研究院、工业4.0研究院、走向智能研究院、中国信息通信研究院等。在国家、科研院校和企业的共同努力下，我国数字孪生的研究成果迅速增长，截至2020年，我国在数字孪生方面的科研论文已位居世界第三，与美国基本持平。据世界知识产权组织WIPO统计，2020年我国申请的数字孪生专利一共被受理238项，位居当年世界第一。在国际标准方面，我国的相关科研机构也取得了巨大的成绩，如中国电子装备技术开发协会制定的"数字孪生移动应用程序通用测试规范""数字孪生定制移动App通用安全技术规范""数字孪生智能制造系统平台组织结构及权限管理规范"和"数字孪生仿真数据管理系统（SDM）数据模型规范"，全国自动化系统与集成标准化技术委员会制定的"自动化系统与集成复杂产品数字孪生体系架构"，中国技术市场协会制定的"智能建造数字孪生车间技术要求"，安徽巨一科技股份有限公司制定的"面向新能源汽车动力系统智能生产线的机器人数字孪生联调测试""面向新能源汽车动力系统智能生产线的机器人数字孪生体模型"等。

1.2.3 数字孪生的本质及意义

利用数字孪生建模技术将物理实体映射到虚拟空间，形成与物理实体完全相同的数字孪生体，通过对数字孪生体的测试研究达到人类所期望的某种现象与结果，并将这些现象与结果所对应的参数再反馈到物理实体上，最终实现低成本、高效率的现实世界生产活动。因此，数字孪生技术的本质是建模仿真的优化调度，是信息技术与人工智能技术进一步发展的结果，它的出现势必影响人类生产的众多领域，对人类的生活也会带来重大的现实意义，主要体现为以下几方面。

（1）使行业生产过程中的数据测量变得更全面、更准确

相较于传统的测量工具，数字孪生技术具有独特的优势。由于数字孪生借助于先进的信息技术和智能设备，因此在产品设计和制造过程中

更能准确全面地完成数据收集，为后续的数据分析、优化调度做好准备。

（2）使行业生产变得更便捷，创新速度更快

数字孪生建立的是物理实物的孪生体，本质上是虚拟空间模型。而模型具有低成本、可拆分、可修改、可复制等优点，模型各种操作的最优结果又可反馈到物理实物的生产过程中，因此数字孪生使生产变得更加灵活和便捷。同时，将某些科学猜想应用到模型的各种调度中并不会产生其他附加成本，使创新成本变低，进而加快了创新的进程。

（3）行业生产得到多方位的分析、验证，具备更全面的预测能力

传统生产模式很难对产品在生命周期内作出多方位的数据分析，更无法对内在隐藏问题进行诊断预判。数字孪生可以依靠准确的数字孪生体模型，结合物联网、智能传感器等先进设备采集的数据，进行多方位的模拟分析，进而发现更多的问题，完成更多场景的验证。这些数据对于产品的物理生产具有重要的指导价值。

（4）使行业生产融合专家系统，将生产经验数字化、数智化

传统的产品制造积累了丰富的经验，但这些经验很难在生产中得到验证。数字孪生技术可以借助先进的计算机设备，将这些经验数据进行建模，并验证这些模型的科学性，进而去指导现实的生产。因此，数字孪生使现代生产更加数字化和数智化。

1.3
数字孪生在智能制造中的应用现状

中国工程院公布的"全球工程前沿 2020"报告指出，"数字孪生驱动的智能制造"已经成为机械制造领域首屈一指的技术。由此可见，数字孪生技术已经融入智能制造的发展当中，并发挥着巨大的作用。由于数字孪生技术可以在智能制造过程中对实物的物理空间和数字孪生体的虚拟空间进行数据同步和转换，因此生产人员可依靠可视化的数据模型监控复杂产品的加工过程，并根据实时情况进行最优调度，从而完成整个生产阶段的调整工作。

1.3.1 数字孪生在智能模型生命周期中的应用

数字孪生在产品的智能制造模型生命周期中起到了桥梁作用，可有效地将产品设计与生产进行衔接，从而缩短产品的制造周期。通过研究大量文献，本书总结了一套将数字孪生技术融入产品智能制造模型生命周期的体系，图 1-8 所示即为数字孪生下的产品生命周期体系。

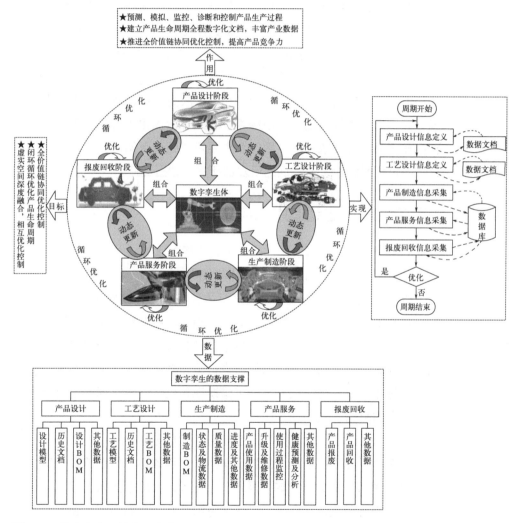

图 1-8 数字孪生下的产品生命周期体系

该体系将数字孪生技术融入智能制造的五个阶段，即产品设计阶段、工艺设计阶段、生产制造阶段、产品服务阶段和产品报废回收阶段，在每个阶段，数字孪生技术都扮演着重要的角色。在产品设计阶段，数字孪生技术使模型的设计更精准，也能更好地验证模型的性能。此时，数字孪生技术发挥两大功能，分别是全三维数字模型设计功能和多角度模拟仿真功能。在工艺设计阶段，数字孪生可将其设计的模型进行转换、建模、结构化工艺仿真，最终形成数字化的工艺操作规程。在生产制造阶段，数字孪生可建立产品的数据包档案，将所采集数据信息的优化结果进行逆向转换并应用于生产，从而加快产品的制造。此阶段，数字孪生发挥三种功能，即过程的仿真功能、生产线的数字化功能、关键指标的监控和评估功能。在产品服务阶段，数字孪生技术要完成产品的远程监控、远程诊断维修、生产指标优化和售后信息反馈等工作。在产品报废回收阶段，数字孪生要完成相关数据的归档，为产品的升级改进积累经验，为后续的研发创新提供数据支持。

1.3.2　数字孪生在企业制造中的应用

数字孪生在企业制造中的应用主要体现在以下三方面。

（1）完成企业产品制造的虚拟模型建立

数字孪生通过建立虚拟空间产品的数字孪生体来实现建模的过程，其所创建的数字孪生体与物理实物高度相似，将在数字孪生体上测试过的数据反馈到物理实物的生产过程中同样有效。由此，企业在生产产品前可借助数字孪生创建的虚拟模型进行诸如数据测试、优化调度、故障诊断等操作，以达到降低产品加工错误率和生产成本，提高企业整体市场竞争力的目的。

（2）为企业产品制造提供人工智能算法的支持

数字孪生建立的是产品的数字孪生体，且该孪生体存放在计算机内部，由一系列关联数据构成。因此，企业可结合最新的人工智能算法对该孪生体进行测试，从而找到最优的算法，并应用到物理实物的生产过程中，提高产品生产的各项性能。

（3）完成企业产品制造供应链的全程监控管理

企业可将数字孪生技术应用在产品生产的各个环节，并将各环节建立的数字孪生体进行整合，建立产品制造全供应链统一的数字孪生体，从而完成对全供应链的实时监控与调整。

数字孪生技术以独特的优势广泛应用在各制造企业的生产活动中，企业可利用该技术进一步实现智能制造，达成低成本、高效率、高质量、创新快、升级快的制造目标。数字孪生技术与智能制造相结合是大势所趋，值得广大科研工作者深入研究。

1.4

智能制造和数字孪生的未来

在国际激烈竞争的大环境下，智能制造和数字孪生技术有着更广阔的发展前景。数字孪生是智能制造的核心技术，它作为物理空间和虚拟空间相互转换的桥梁，已成为数字化制造的重要手段，势必会促进数字化经济的快速发展。基于此，各国都加大了对智能制造和数字孪生技术的科研投入，相信在不久的将来，智能制造和数字孪生技术必将迎来辉煌的时代。

1.4.1 未来的智能制造

未来的智能制造有两大发展趋势，即混合式智慧工厂和融合数字孪生技术的赛博智能制造系统。

（1）混合式智慧工厂

未来的智能制造一定会融合多种智能手段。在产品生产前，就可以借助人工智能进行产品设计、制订生产计划，并采用最优算法，调配各生产资源使之达到最佳的比例，从而实现科学生产。产品的相关信息也会融入产品当中，生产商可远程监控产品的使用状态，用户也可以实时地将需求反馈给生产商，最终实现企业的个性化生产。

（2）融合数字孪生技术的赛博智能制造系统

未来的智能制造一定会融入数字孪生技术，这主要是因为数字孪生技术所构建的孪生体与产品高度相似，而孪生体又只是计算机内部的一组相关数据，存在成本低、可复制、可恢复、不消耗物质资源等优势。智能制造可借助数字孪生技术和物联网技术构建"人—机—物"数据共享的赛博物理系统（Cyber-Physical System，CPS）。通过数据的实时共享，CPS可精确地对产品生产进行智能化管理和控制，最终实现信息物理生产系统（Cyber-Physical Production System，CPPS）的构建。

1.4.2 未来的数字孪生

数字孪生虽然是一个新兴的概念，却引起了制造业的普遍重视，更成为广大科研工作者的研究焦点，而且近些年的研究成果也呈现快速增长的态势。因此，未来数字孪生技术的发展将呈现以下趋势。

（1）孪生体的拟实化将越来越精确

随着人工智能和建模技术的进一步成熟，利用数字孪生建立的孪生体将与物理空间的实体近乎100%相似。而早期的数字孪生技术仅考虑了物理空间的主要因素，所建立的孪生体只注重物理特性的再现。这样就导致在虚拟空间取得成功的实验，在物理空间未必成功。未来的数字孪生技术除了考虑实物的物理特性外，还要考虑化学特性以及实物所处的环境和时空等因素，做到精确拟实化，力求达到虚拟空间与物理空间的绝对一致，使在孪生体上得到的最优解数据可直接应用于物理实体的制造过程。

（2）孪生体将高度集成化

数字孪生技术的应用领域虽然众多，但却比较分散，未能做到产品全生产过程建模。另外，由于所创建的数字孪生体不是一个统一的整体，因此所得到的优化调度解也不是全局最优解。未来的数字孪生技术力求高度集成化，从产品制造的全局出发来创建孪生体，并在产品制造的整个生命周期内进行优化调度，求得全局最优解，从而使物理空间中产品制造的各环节参数最优。

（3）孪生体将融合更多的现实技术

进入第四次工业革命时代后，人类生活所涉及的各方面技术都将有一个质的飞跃。因此，数字孪生必将融入更多的现实技术，结合更先进的科学手段实现虚拟空间和物理空间的高度相似，从而监控产品智能制造的全过程。不同的现实技术融入数字孪生并使之成为一个整体是一个难点，需要广大科研工作者深入研究。

本章小结

本章主要介绍了智能制造和数字孪生技术的发展历程，总结了它们在国内外的研究现状，指出了数字孪生技术的本质及研究意义，阐述了数字孪生技术在智能制造过程中的具体应用，分析了智能制造和数字孪生技术的发展趋势。可见，数字孪生技术在智能制造中发挥着重要的作用，是智能制造领域未来的重点发展方向。

智能制造系统的
数字孪生技术

建模、优化
及故障诊断

Chapter 2

智能制造与数字孪生的基础知识

　　智能制造和数字孪生都是近期发展起来的综合性技术，涉及的理论知识众多。因此，本章主要围绕相关的基础知识进行阐述，包括智能制造和数字孪生的基本概念、组成、技术体系和支撑工具等。同时，本章还阐述了建模及优化调度方面的基础知识，包括基本概念、常用的方法和工具等。本章是后续章节的理论基础，对后续章节内容的阐述起到技术支撑的作用。

2.1

智能制造的基础知识

　　智能制造是传统制造技术与先进数字化技术、人工智能技术及信息技术相融合的产物，是一套集信息收集、优化调度和执行控制于一体的先进制造系统。智能制造研究的内容主要包括智能制造设备的研制、智能设计与规划、制造工艺的智能优化与调度、智能信息管理平台、敏捷智能的客户服务远程化综合平台及故障冲突的智能检测等。智能制造是我国制造业发展的主要方向，在 2016 年发布的《中国制造 2025 五大工程实施指南》中占据着重要的位置。利用智能制造，我国将构建一套灵活的、可重构的产品制造及服务模式，有效地提高产品制造的效率和质量，充分发挥资源的利用优势，节约成本，降低能耗，全面提升制造业的国际竞争力，实现制造强国的战略发展目标。

2.1.1　智能制造的基本概念及组成

　　智能制造涉及多领域，因此所关联的概念也非常多。最早提出智能制造概念的是美国学者赖特·伯恩，后来，日本联合欧洲共同提出了智能制造系统的概念。进入 21 世纪后，随着通信技术的飞速发展，智能制造的概念被进一步丰富，也变得更加多样化。

2.1.1.1　智能制造所涉及的基本概念

　　（1）绿色制造

　　绿色制造是一种环保理念，主要是指在产品制造过程中充分考虑对环境造成影响的参数，并在这些参数的约束下完成产品制造过程各环节的最优化调度。绿色制造的目标是在产品设计规划、原材料配给、制造测试、包装运输、故障诊断和报废处理等阶段，将对人类生存环境造成的负面影响降到最低，将资源利用率达到最高。

（2）虚拟制造

虚拟制造是指借助互联网、数据库、传感器、多媒体、虚拟现实及多媒体等技术，将用户需求抽象化，并完成数据收集，建立产品制造过程的仿真模型，然后通过对模型进行分析、规划和优化重组，来完成产品在计算机内部的仿真制造过程，以获得真实制造过程的相关数据和经验。

（3）智慧工厂

智慧工厂是指在虚拟制造的基础上，借助物联网技术及监控设备，进一步加强对产品制造过程中信息的管理，清晰地描述产销流程，以便提高生产过程的可控性，进一步降低人工干预，实时采集生产线数据，完成生产计划及工序的调整，构建一个绿色、高效、舒适的个性化工厂。

（4）智能制造

智能制造是指将物联网技术和人工智能技术应用于产品制造的各个环节，所开展的包含信息深度自感知、智能调度自决策和精确监控自执行功能的系统建模、深度加工、自动诊断优化等一系列工作的总称。

（5）智能制造系统

智能制造系统是将智能机器人和人类专家智能算法引入智能制造后所形成的一整套人机系统。该系统可有效地取代或降低产品制造过程中人的脑力工作，为进一步解放劳动力提供必要的技术手段。

2.1.1.2 智能制造系统的组成

智能制造系统是一个复杂的集成系统，可有效地将产品制造所涉及的物料流和信息流进行融合。在现代制造企业中，各生产部门是智能制造系统的基础也是核心。智能制造系统主要包括生产部门控制系统、物料储运控制系统、制造优化监控系统、智能设备储运系统和质检监控反馈系统等。

（1）生产部门控制系统

生产部门控制系统主要由部门控制器、单元组控制器、工作站组控制器和设备组控制器构成。部门控制层为生产部门控制系统的最高层，主要用于产品生产计划及指标要求的制定、生产计划的分解和指派以及生产信息的收集汇总等任务。部门控制器则负责完成部门控制层的具体任务，是信息流与控制流交汇的枢纽，因此要具备生产计划设计、调度和监控等功能。单元组层用于分解部门控制层制定的任务，并完成计划的制订和调度。单元组控制器则负责计划的具体执行，将执行周期精确到小时或周，并向部门控制器反馈计划的执行情况和各单元组的工作状态。工作站组控制器用于协调指挥各部门的具体生产活动，完成材料存储、器具更换、数据测量等工作细节的调整。设备组控制器主要完成对各设备的管理工作，并将上层发来的数据转换成相关设备能够识别的指令，进而控制各设备的执行过程。

（2）物料储运控制系统

物料储运控制系统包括物料存储和物料运输两部分，是整个智能制造系统的服务系统，主要负责智能制造所需原材料的分类存储和运输控制，确保智能制造各部件能够及时准确地加载加工对象。

（3）制造优化监控系统

制造优化监控系统是智能制造系统的核心，为智能制造提供智能优化算法，完成对整个制造过程的实时监控。

（4）智能设备储运系统

智能设备储运系统包括智能设备存储和运输两部分，是智能制造系统的辅助系统。该系统主要负责智能制造所需设备的分类存储和运输控制，确保智能制造各工位能够及时准确地加载相关设备。

（5）质检监控反馈系统

质检监控反馈系统主要负责产品质量的监督和反馈，及时收集已有智能算法的优化调度结果，并将相关数据反馈给开发人员，以便于后续智能算法的升级。

2.1.1.3　智能制造系统的功能模型

智能制造系统的功能子系统主要包括智能管理与调度系统、制造控制系统、过程监督与故障诊断系统。

智能管理与调度子系统主要负责智能制造系统的算法管理，将适用于不同制造过程的算法及时发送到相关设备，完成设备生产过程的任务调度，同时该子系统也负责对各种智能算法进行维护。

制造控制子系统主要负责各种智能设备的管理，包括制造过程中的原材料准备、加工刀具更换、加工过程执行等。该子系统是智能算法及调度过程的具体执行模块。

过程监督与故障诊断子系统主要负责监控整个加工过程中各设备的状态参数及生产指标的完成状况，诊断整个系统的故障情况，并将诊断报告反馈给相关部门。

2.1.1.4 智能制造系统对外的信息接口

智能制造是在互联网等相关技术高速发展的背景下产生的，因此智能制造系统不可避免地要与其他系统进行集成，以形成一个综合的统一系统，这就要求智能制造系统有充足的外部信息接口。一个典型的智能制造系统至少要有管理信息系统 MIS、工程和设计系统 EDS 及质量管理系统 QMS 等。与智能制造系统对接的外部系统信息的种类繁多，包括文字、数字、图形、声音、图像等。这些信息按信息来源可分为输入和输出两类，按信息操作性质可分为静态和动态两类。无论哪种类型的信息，在智能制造系统中都呈现出局域性、实时性等特点。

2.1.2 智能制造的技术体系

无论是德国的"工业 4.0"还是我国的"中国制造 2025"，都明确指出智能制造融合了新一代的信息技术、人工智能技术、制造技术及自动化技术，因此智能制造技术体系涉及的领域全面且十分复杂。

2.1.2.1 智能制造系统的技术构成

从不同角度研究智能制造系统，其技术构成也不相同。如果从产品的商业运营模式、智能制造模式、运输营销模式和智能决策模式这四个层次分析，智能制造系统的技术构成如图 2-1 所示。

图 2-1　智能制造系统的技术构成

智能制造系统的商业运营模式层主要包括智能商品及智能服务子系统。其中，智能商品是基础，主要包括各类机械式、电气式或嵌入式商品，典型的智能商品为智能手机、无人机、智能汽车、智能电器等；智能服务子系统则是为智能商品服务的各类系统软件，是激发智能商品发挥功能的主要工具。智能商品及智能服务子系统为智能制造系统的商业运营模式提供了技术创新支持。

智能制造模式层主要包括智能设备及生产线、智能车间、智能工厂和智能生产等。其中，智能设备及生产线是本层工作的基本要素，主要负责制造设备的功能检测、误差修正、生产数据收集等工作。智能车间是各类智能设备及生产线的安放场地，主要负责对设备状态、生产状态、能源及物料消耗及加工质量进行实时监控和数据分析，进而达到合理安排生产的目的，因此智能车间要依托数字制造技术、分布式数控技术和数字孪生技术等共同组建智能制造的基本工作单位。智能工厂则是由不同智能车间构成的产品闭环生产单位，主要实现智能制造的透明化、精细化、可视化和自动化，同时做好产品的质量检测、监督和缺陷分析等工作，因此智能工厂要依托无缝集成等技术。智能生产以智能工厂为基础，实现工厂与企业内部、企业与企业之间的网络协同生产，对产品生产过程进行全方位的实时管理和优化，因此智能生产要借助先进的网络技术、物流自动化技术和企业信息化管理等技术。智能设备及其生产线、智能车间、智能工厂和智能生产为智能制造模式层提供了技术创新支持。

运输营销模式层主要包括运营及服务管理、物流及供应链管理等。其中，运营及服务管理主要是制造企业对自身运营及服务的管理，包括库存销售管理、人力资源成本管理、能源消耗管理、客户管理等，需要依托 ERP（Enterprise Resource Planning，企业资源计划）系统、办公自动化系统、主数据管理系统等来完成。物流及供应链管理主要完成原材料在各仓库间的物流工作，同时做好原材料在供应链各环节的管理工作，因此需要依托智能分拣技术、仓库管理技术、自动识别技术以及供应链协同技术等。运营及服务管理和物流及供应链管理为运输营销模式层提供了技术创新支持。

智能决策模式层包括智能分析算法等，主要负责智能制造过程中所产生数据的收集、处理和分类统计，并为智能制造企业提供市场分析和预测。因此，智能分析算法主要依托商业智能技术，为智能决策模式层提供技术创新支持。

2.1.2.2　智能制造系统的技术体系结构

智能制造系统的技术体系结构分为四个部分，分别是智能商品及智能服务子系统、智能制造生产模式、智能制造生产过程和智能管理及服务。其中，智能商品及智能服务子系统分为三种类型，即面向制造过程、面向使用过程和面向服务过程；智能制造生产模式分为两种类型，分别是新型智能制造模式和生态智能制造模式；智能制造生产过程分为三种类型，分别是智能产品设计、智能设备及工艺调度和智能制造；智能管理及服务分为三种类型，分别是运营管理及服务、物流及供应链管理服务和产品智能服务。

（1）面向制造过程的智能商品及智能服务子系统

面向制造过程的智能商品及智能服务子系统具有可精确定位、可自动识别、可自主规划工艺路径、可自我感知参数状态和可全程追溯等特点，能够较好地满足德国"工业4.0"提出的产品自适应、自感应配合生产设备的要求，实现全自动化智能生产。

（2）面向使用过程的智能商品及智能服务子系统

面向使用过程的智能商品及智能服务子系统具有人机交互和机机交互等特点，使得系统的操作界面比较友好，用户简单操作即可完成复杂的智能制造过程。

（3）面向服务过程的智能商品及智能服务子系统

面向服务过程的智能商品及智能服务子系统是智能制造远程服务的重要组成部分。智能商品内嵌入大量的传感器、通信及智能分析等部件，可实现对制造过程中产生的数据进行实时收集及传递。

（4）新型智能制造模式

智能制造是各类科技高速发展并高度集成的产物，因此催生出了众多的新型智能制造模式，例如，适合汽车、家电等行业的商品定制模式，适合食品、服装等行业的电子商务制造模式，适合产品设计等行业的网络协同云制造模式等。这些新型的智能制造模式均需要借助先进的互联网技术，将分散的信息快速收集起来并形成制造需求，进而完成智能制造。

（5）生态智能制造模式

新型智能制造模式使智能制造越来越复杂，最终形成了结构动态变化、企业分散协同的庞杂系统，使得生产企业之间的界限逐渐模糊，而制造生态边界却越发清晰和重要。因此，生产企业必须尽快地融入智能制造的生态系统中，构成生态智能制造模式，这样各生产企业才能更好地生存和发展。

（6）智能产品设计

产品设计是生产人员根据市场预测进行的一项创造性活动，智能技术在这项活动中起到非常重要的作用。生产人员可通过及时准确地收集信息，借助先进的智能技术快速完成数据的分析、模型的设定及验证，并依靠仿真和优化技术，使设计的新产品更加完善。

（7）智能设备及工艺调度

智能设备及工艺调度要求智能制造所使用的设备具有自感知和自适应特性，能结合不同的生产工艺完成对原材料的自动分析、自动决策及优化调度等工作，能对生产设备的状态和产品质量进行收集和反馈，即通过感知→分析→决策→执行→优化调度→再执行→反馈等一系列闭环操作完成对产品制造过程的优化。

（8）智能制造

智能制造是智能制造系统的核心，也是智能制造系统的主体功能模块。制造车间通过引入智能手段和先进的管理方法实现对智能设备、生产资源及生产工艺的最优配置，达到生产利益最大化、生产消耗最小化的目的。制造车间引入的智能手段主要包括工艺流程优化、生产计划智能制订及调度、物流智能管控、设备智能预测及维护、产品质量智能分析、生产成本及损耗智能分析、生产过程数字孪生建模及监控、车间综合性能智能监控等。

（9）运营管理及服务

运营管理及服务是智能制造系统对自身运营及服务进行管理的基础。利用先进的智能信息管理系统可方便、快捷、科学地管理好生产企业各工厂的数据，为优化各部门的协同工作提供服务，为企业的后续发展提供决策依据。

（10）物流及供应链管理服务

物流及供应链管理服务为智能制造系统的原材料供应及产品快捷运输提供了保障。通过智能定位系统、智能管理信息系统和智能配置系统，可管理生产企业的原材料供应商信息，制订合理的物流计划，将产品快速运达消费者手中，并监控整个环节的工作流程。

（11）产品智能服务

产品智能服务为智能制造系统提供了信息反馈及持续改进等服务，通过大数据分析技术，为用户提供更加智能的售后服务，实现对产品使用过程的跟踪监测，为企业创造隐形价值，为下一代智能产品的研发提供决策依据。

2.1.2.3　网络环境下制造企业间的智能协同架构

智能制造系统借助互联网将各个制造企业及相关单位集成为一个统一且复杂的系统，系统中的各单位或高度耦合或松散耦合，并以数据流为驱动核心，通过新产品设计、数字孪生优化、物料物流、智能协同制造、企业流程管理等技术形成网络环境下制造企业间的智能协同架构。各生产企业在此框架下，可实现端到端的无缝协作，从而形成以新产品、新业态、新模式为特点的智能工业生态系统。

2.1.2.4　未来信息模式下的智能工厂体系架构

随着智能制造 CPS 的日趋完善和技术的不断成熟，未来智能工厂将高度融合新一代信息技术，将社会系统等进一步整合至 CPS 中，构成社会信息物理融合系统(Social-Cyber-Physical System，SCPS)，人—信息—物理融合系统 (Human-Cyber-Physical System，HCPS)。

未来智能工厂的体系架构大体分为三个部分，即社会信息物理融合系统 SCPS、产品生命周期和服务价值链。

（1）社会信息物理融合系统 SCPS

社会信息物理融合系统是未来智能工厂体系架构的底层，主要包括人联网 (Internet of People，IoP)、服务互联网 (Internet of Service，IoS)、知联网 (Internet of Knowledge，IoK) 和物联网 (Internet of Things，IoT)。其中，人联网 IoP 是未来智能工厂利益相关者的联盟，主要提供产品设计、数字孪生体验证、产品制造、产品销售及智能售后服务等功能；IoP 打破了制造企业与消费者之间的界限，使智能制造进一步社会化。服务互联网 IoS 以互联网为媒介提供各类制造服务，包括云制造服务、网格服务及智能制造 Web 服务等。知联网 IoK 为智能工厂提供了智能知识体系联网服务，将物联网 IoT 提供的各类数据信息化和知识化，最终形成智能算法应用于智能制造。物联网 IoT 是智能工厂的底层智能设备网，为智能制造提供基础数据收集和设备控制等功能。社会信息物理融合系统 SCPS 的关键支撑技术主要有物联网、云计算、人工智能、大数据和互联网技术等。

（2）产品生命周期

产品生命周期是未来智能工厂体系架构的中间层，它将产品制造全生命周期中所涉及的资源、人员、设备、数据信息和服务等都纳入智能工厂体系架构中，并采用智能信息管理系统进行整合，实现制造企业的利润最大化。该层通过与服务价值链层进行实时对比，可及时发现智能工厂是否在相应的生命周期内完成了用户提出的生产需求。

（3）服务价值链

服务价值链是未来智能工厂体系架构的顶层，主要完成与用户生产需求的交互。因此，该层主要包括用户交互、生产性服务和服务性生产三部分。其中，用户交互主要完成系统与用户的交互，包括联合设计、虚拟集成、需求咨询分析、故障联合诊断等功能。生产性服务主要完成具体产品的生产，并将制造企业创造的价值拓展到市场。服务性生产主要负责完善制造企业自身的管理服务，通过不断优化部门的管理水平，达到提升企业竞争力的目的。

2.1.3 智能制造的支撑平台

智能制造系统是集各种技术于一体的复杂系统，常见的支撑平台如下。

（1）企业一体化集成平台

数字化技术是智能制造系统的核心，企业一体化集成平台可有效地将制造企业内部和企业之间所形成的"自动化孤岛"和"信息孤岛"进行集成，构建一个逻辑一体化的智能制造系统。在通用体系结构中，企业一体化集成平台在顶层思想的指导下，将智能制造的关键技术、标准规范、评价体系、理论方法进行集成，将现有的软件工具和支持平台进行整合，形成统一的控制系统，完成传统企业向现代企业改变的过程。

（2）企业集成化建模与诊断平台

制造企业建模的本质是建立数据模型。通过数据模型，管理者可更清晰地对企业进行管理。由于制造企业涉及的部门众多，因此企业的数据模型具有一定的分散性。此外，企业的数据模型也具有多视图性特点，即企业要从多个角度对不同业务进行数据管理。这就要求现代企业对这些数据模型进行集成，集成度越高，各制造功能就越协调，故障诊断也越精确。而企业集成化建模与诊断平台可满足这一要求，其通用体系结构主要包括建模工具、模型诊断工具、模型实施工具、文档模板与报告生成工具等。这些工具以网络数据库系统及相关软件支撑环境和建模与诊断集成环境为基础，在整个企业建模与仿真优化生命周期内完成各自的功能，达到企业模型集成与诊断的目的。

（3）网络化智能制造服务平台

网络化智能制造主要是借助网络技术，将产品设计、原材料采购、产品制造、产品销售及售后服务所涉及的社会资源进行整合，在逻辑上实现产品智能制造的过程。这种生产方式可有效地缩短研发周期、减少成本，提高制造企业整体的市场竞争力。网络化智能制造服务平台总体上分为四层，分别是基础层、工具层、应用层和用户层。基础层主要为平台提供基础的技术支持，包括网络数据库系统、基础技术体系、网络及通信技术、智能制造标准等。工具层主要为平台提供相关软件和使能工具的支持，包括应用软件开发环境和各类使能工具等。应用层主要为平台提供各类具体功能的应用软件系统，主要包括网络协同制造系统、数据湖管理系统、虚拟仓库管理系统、网络制造系统、网络销售及供应链管理系统等。用户层主要完成与企业各类用户的交互。

（4）智慧云制造系统平台

智慧云制造系统平台是一种借助泛在网络技术，将"人—机—物—环境—信息"高度融合，进而提供智慧制造及服务的互联系统，因为它是利用智慧云制造模式与手段构建的制造系统，故也称为智慧制造云。智慧云制造系统平台的本质是"互联网＋智慧制造"，其通用体系结构分为四层，分别是智慧资源与能力层、感知接入与通信层、智慧制造云服务平台层和智慧云服务应用层，其中，智慧制造云服务平台层又分为三层，分别是智慧虚拟资源能力层、云服务支撑层和智慧用户界面层。

2.2

数字孪生的基础知识

2.2.1 数字孪生的基本概念、特征及常用模型

数字孪生产生于美国，近些年来得到了快速发展。数字孪生技术将现实世界创建为对应的虚拟世界，即数字孪生体，然后对数字孪生体开展各类实验，以获得最优数据，并将这些数据应用于物理世界，达到快速且低成本地控制现实世界生产过程的目的。

2.2.1.1 数字孪生的基本概念

数字孪生广泛应用于现实世界的多个方面，因此其定义也是多维度、多角度的，具体如下。

（1）学术界定义

数字孪生是将物理空间的实物虚拟化，构建实物在虚拟空间的孪生体，然后通过历史数据、实时数据和智能算法对孪生体进行验证、优化、改进等操作，从而获得理想参数，并将理想参数应用于物理空间，控制实物全生命周期各个生产环节的技术手段。

（2）企业界定义

数字孪生是将企业物理空间的资产和生产流程转化到虚拟空间的数据可视化模拟技术。通过可视化模拟生产，企业可更好地监控生产、优化业绩和预测市场，达到提高企业竞争力的目的。

（3）国际标准化组织定义

数字孪生是将物理空间的特定过程或实物进行数字化虚拟建模并实现数据连接的技术。该连接可使物理空间和虚拟空间相对应的过程或实物保持同步，对物理空间特定过程或实物提供全生产生命周期的集成可视化监控，达到优化整个生产过程的目的。

（4）官方定义

数字孪生是多学科、多尺度、多维度、多物理量和多概率的仿真技

术，充分利用历史数据、传感器实时数据和智能算法，完成物理空间实物或过程到虚拟空间模型的映射，即构建数字孪生体，从而实现物理空间实物或过程在全生命周期的虚拟空间可视化监视和优化控制。

数字孪生的上述定义均提到了物理空间和虚拟空间，其本质就是为物理空间实物创建对应的虚拟空间数字化"克隆体"，也称为数字孪生体。这种数字孪生体不仅要在形状、颜色和状态等外在特性上与物理实物一致，在内在运行机理等方面也要与物理实物一致。通过数据的双向连接，数字孪生体与物理实物可以实现实时联动，达到相互优化控制的目的。

2.2.1.2 数字孪生的基本特征

数字孪生技术在人类生活的各领域得到了广泛应用，主要有以下几个基本特征。

（1）保真性

数字孪生的关键是建立物理空间实物或过程的数字"孪生体"，既然是"孪生体"，就要求其跟物理空间中的实物或过程高度相似。这种相似不仅表现在物理特性上，而且还表现在内部运行机理或化学特性等方面。因此，数字孪生技术具有高度的保真性。

（2）互操作性

数字孪生利用数据的双向连接技术，将物理空间和计算机虚拟空间打通。通过这种互联技术，可确保虚拟空间的数字孪生体与物理空间中的实物或过程相互联动。来自物理空间实物或过程的数据可输入到虚拟空间的孪生体，虚拟空间孪生体的演算结果也会反馈给物理空间中的实物或过程。因此，数字孪生技术具有很好的互操作性。

（3）实时性

数字孪生的互操作性决定了数据的实时性。物理空间收集的实际数据要及时输入到虚拟空间的数字孪生体中；相反，虚拟空间中数字孪生体的优化调度结果也要及时反馈给物理空间的实物或过程，从而完成实时控制。

（4）可拓展性

数字孪生的保真性决定了它的可拓展性。数字孪生体要随着物理空间实物或过程的变化而不断发生改变，因此数字孪生技术要具有很好的模型可拓展性。

（5）封闭性

数字孪生技术是根据物理空间的实物或过程建立的所对应虚拟空间的数字孪生体。该孪生体能够根据不同的智能算法进行各种复杂的操作，需要具备一定的分析、优化、调度、再分析、再优化和再调度能力。最终，数字孪生技术将虚拟空间得出的最优参数反馈给物理空间，完成对实物或过程的最优控制。因此，数字孪生技术所建立的孪生体要具有一定的封闭性。

2.2.1.3　数字孪生常用的模型

早期的数字孪生多采用三维模型，即物理实体、虚拟孪生体和数据连接。随着数字孪生技术的进一步发展及所应用的领域不断增多，数字孪生的三维模型也得到了扩充。目前，数字孪生常用的模型是五维模型，即物理实体、虚拟孪生体、数据连接、孪生数据湖和服务集。在五维模型的基础上，作者又增加了一维，即互联网接口，推出六维模型，具体结构如图2-2所示。该模型的整体运行机理是，物理实体（PE）的运行或状态参数可通过接触式或非接触式智能传感器或适配器等数据连接（DC）进行采集和接收，利用互联网接口（II）传送至智能服务器，形成各类数据的孪生体数据湖（VDL），通过使用各种智能算法，调用相应的服务集（SS）完成对虚拟空间的模拟，建立物理实体（PE）所对应的虚拟孪生体（VT）；对虚拟孪生体（VT）进行智能训练、优化和调度，形成最优数据；通过数据连接（DC）和互联网接口（II），一方面更新孪生体数据湖（VDL），另一方面反馈给物理实体（PE），完成物理空间的生产过程。

（1）物理实体（PE）

物理实体（PE）是物理空间中真正存在的系统、设备或活动过程，它们由各种零部件或子系统程序构成，能够根据相应指令独立完成至少一种执行任务。因此，物理实体（PE）是数字孪生模型的基础，是被优化、调度、检测和执行的最终对象。

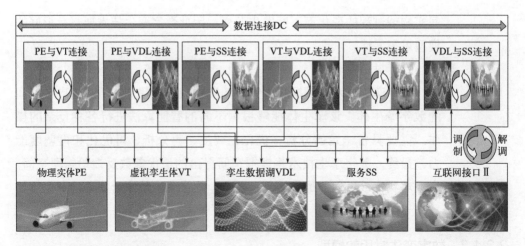

图 2-2 数字孪生的六维模型

（2）虚拟孪生体（VT）

虚拟孪生体（VT）是物理实体（PE）在虚拟空间中的仿真模型，该模型是一组数据的组合，是对物理实体（PE）各个方面的真实模拟，也是数字孪生技术的基础，是优化、调度和验证的操作对象。因此，虚拟孪生体（VT）至少要包括五种模型，即物理模型、化学模型、几何模型、规则模型和行为模型。综合这些模型，可将虚拟孪生体（VT）形式化为六元组，即 VT(G,P,C,R,A)。在六元组 VT(P,C,G,R,A) 中，VT 表示虚拟孪生体的名称。G 表示几何模型，应根据物理空间实体或过程的几何参数进行建模，这些参数包括尺寸、形状、位置等；模型 G 通常是三维立体的，与物理实体或过程在时空上保持一致，可通过三维仿真软件来创建。P 表示物理模型，是在模型 G 的基础上加入物理实体（PE）的主要物理特性后建立的，这些物理特性主要包括颜色、温度、能量及强度等。C 表示化学模型，是在模型 G 的基础上加入物理实体（PE）的主要化学特性后建立的，这些化学特性主要包括味觉、分子特性、放射性及吸收率等。R 表示规则模型，主要用来反映物理实体（PE）所遵循的规则约束和专家经验，以及这些约束和经验在不同智能算法下自学习、自演化后所形成的新约束和新经验等；通过模型 R 可分析出虚拟孪生体（VT）在特定参数下的优良表现。A 表示行为模型，用来反映物理实体（PE）在模型 R 的控制下所呈现的各种行为动作模型；对于模型 A 的分析和选择，可采用一定的数学方法，如马尔可夫链、工作流、有限状态机、神经网络等。

（3）数据连接（DC）

数据连接（DC）的主要作用是完成模型中各组成要素接口之间的数据双向转换，包括物理实体（PE）和虚拟孪生体（VT）之间的数据转换、物理实体（PE）和孪生数据湖（VDL）之间的数据转换、物理实体（PE）和服务集（SS）之间的数据转换、虚拟孪生体（VT）和孪生数据湖（VDL）之间的数据转换、虚拟孪生体（VT）和服务集（SS）之间的数据转换、孪生数据湖（VDL）和服务集（SS）之间的数据转换。通过数据连接（DC），可生成各组成要素能够识别的数据格式，并将符合要求的数据调制或解调到互联网接口（II）上，以便进一步传输。

（4）孪生数据湖（VDL）

孪生数据湖（VDL）主要用于保存各种类型的数据。这些数据或是由物理实体（PE）产生的，或是由虚拟孪生体（VT）产生的，或是由服务集合（SS）产生的。通过调用孪生数据湖（VDL）中相关类型的数据，可建立物理实体（PE）所对应的虚拟孪生体（VT），也可结合这些数据和服务集合（SS）中的智能算法完成对虚拟孪生体（VT）的优化、调度和验证。总之，孪生数据湖（VDL）为数字孪生提供了数据支持。

（5）服务集（SS）

服务集（SS）主要用于保存各种智能算法、中间件、控件、模块引擎或动态链接库等服务信息，这些服务信息为数字孪生提供了智能支持。服务集（SS）主要分为两大类，分别是功能性服务集（FSS）和业务性服务集（BSS）。功能性服务集（FSS）为数字孪生提供各种功能上的服务支持，它是数字孪生内在功能的体现，主要侧重于数字孪生如何实现各项功能；业务性服务集（BSS）为数字孪生提供各种业务上的服务支持，它是数字孪生外在功能的体现，主要侧重于数字孪生能完成什么业务。

（6）互联网接口（II）

互联网接口（II）主要为各种数据传输提供网络协议的识别，是数字孪生技术的通信支撑。因此，互联网接口（II）主要包括物联网协议接口、因特网协议接口、工业网协议接口等。它可将数据连接（DC）

转换完的数据进行远距离传输，为数字孪生的网络协同提供技术支持。

2.2.2 数字孪生的应用原则及技术体系

数字孪生技术以其独特的优势，被各个国家广泛应用于制造领域。数字孪生技术是对物理空间实体或过程的仿真，并完成一系列复杂的演算验证工作，因此所涉及的技术领域也十分庞杂。

2.2.2.1 数字孪生的应用准则

数字孪生技术虽得到了广泛应用，但通常要遵守一些准则。

（1）多维虚拟模型准则

多维虚拟模型是数字孪生的核心，它的建立为智能算法和相关控制与优化理论的应用提供了可能，被誉为数字孪生的"心脏"。因此，需要将物理空间的实体或过程转化为相应的多维虚拟模型，才能完成数字孪生体的创建。

（2）信息物理融合准则

信息物理融合是数字孪生的灵魂，它通过数据连接（DC）和互联网接口（II）完成数据的实时采集和传输，这种采集和传输贯穿于智能制造的整个生命周期，也是数字孪生实现具体应用的根本手段。因此，必须要加强信息的物理融合，缺失了这部分工作，数字孪生体将被空心化，最终成为一个毫无价值的空壳模型。

（3）全要素物理实体准则

数字孪生的最终操作对象仍然是物理空间的实体或过程，因此全要素的物理实体不可或缺。对全要素物理实体进行精准分析，有利于建立虚拟的数字孪生体，也有利于对数字孪生体得出的最优数据进行实际验证。因此，全要素物理实体是数字孪生的载体。

（4）服务应用准则

数字孪生是解决实际问题的一种手段，其最终目的是服务于实际应用。这就要求数字孪生不能脱离实际，它不是理论研究。为此，在虚拟空间数字孪生体上验证的优秀算法，最终要转变为实际应用，要满足操作简单、界面友好等要求。

（5）孪生数据和驱动准则

数据是数字孪生的重要基础，数据量的大小决定了数字孪生体的优劣。因此，要全面、准确地采集各类数据并构成数据湖。不同类型的数据触发不同的操作，一起驱动着数字孪生体和物理空间实体或过程的各项工作。

（6）动态实时交互准则

动态实时交互对于数字孪生也十分重要，毕竟要通过数据连接（DC）和互联网接口（II）将物理空间实体或过程与虚拟空间的数字孪生体互联，形成一个整体。这个整体要具备实时交互的特性，可及时将物理空间实体或过程产生的数据传送给虚拟孪生体，同时虚拟孪生体演算得出的最优数据也要及时地反馈给物理空间的实体或过程，以便其作出最佳的控制动作。因此，动态实时交互准则也被誉为数字孪生的"数据大动脉"。

数字孪生技术的根本任务之一是建立物理空间实体或过程与虚拟空间数字孪生体之间的映射。通过这种映射，数字孪生可较好地实现虚拟空间数字孪生体和物理空间实体或过程的联动。因此，数字孪生技术在实际应用中要注意以下几个要点。

① 数字孪生应高度模拟物理空间的实体或过程，这也是最基本的要求。因此，必须充分调研物理空间的实体或过程，了解其涉及的各个方面。

② 尽管数字孪生体是数字孪生的根本，但其建立的过程却十分繁杂，要求也比较高。因此，数字孪生体要满足模块化、标准化、轻量化和鲁棒性等要求。

③ 数字孪生模型中的六维元素之间是相互联系的，并不是孤立的，它们之间通过信息的双向传递完成同一个任务。

2.2.2.2 数字孪生的技术体系

数字孪生所涉及的技术众多，技术体系错综复杂。从六维模型的角度看，数字孪生的技术体系包括六大方面，分别是物理实体、虚拟孪生体、数据连接、孪生数据湖、服务集和互联网接口，如图2-3所示。

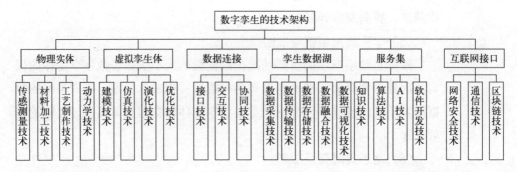

图 2-3 数字孪生的技术架构

2.2.3 数字孪生的支撑工具

数字孪生虽然是一项新兴技术，但近些年却得到了广泛的应用。支撑数字孪生技术的工具不仅有建立虚拟模型的能力，还要有利用虚拟模型仿真物理空间实体或过程的能力。为此，出现了一批优秀的支撑软件，具体如下。

（1）Demo 3D 仿真软件

Demo 3D 仿真软件是由英国 Emulate 3D 公司开发的一款优秀的软件，可以按照用户的需求，从组件库中选择合适的组件加入到仿真模型中，从而完成对物理空间实体或过程的虚拟数字孪生体的创建。另外，该软件也留有接口，可与其他软件联合使用，如与 Visual Studio 开发工具联合制作出 WPF 风格的操作界面。总之，Demo 3D 仿真软件具有操作简单、可用性强等优点，在数字孪生领域中占有非常重要的地位。

（2）Simio Simulation & Scheduling 软件

Simio Simulation & Scheduling 软件是由美国 SIMIO LLC 公司开发的一款数字孪生产品，可对物理空间实体或过程进行数字孪生体的建模、仿真、验证和优化等。该软件广泛应用于智能制造行业，可实时完成数据的采集和分析工作，并将数字孪生体演算的最优解应用于物理空间实体或过程的实际中，从而降低企业的生产成本，提高生产效率和产品质量。此外，该软件也可帮助企业用户更好地监控产品的生产过程，并管理好物流系统。

（3）西门子数字工业软件

西门子数字工业软件（Siemens Digital Industries Software）是由德国西门子公司开发的一套具有全球领先的数字化解决方案的工业软件。该软件为智能制造提供了技术支持，可以根据用户需求建立数字化的生产线模型，进而完成实际工厂的优化建设。西门子数字工业软件主要包括 Twin CAT 和 Plant Simulation 两部分，其中，Twin CAT 主要用来提供高性能控制和数据处理能力；Plant Simulation 则用于建立数字孪生体，完成对生产线优化调度的模拟。西门子数字工业软件同样可以完成对产品供应链和物流的监控，方便企业更好地管理库存，优化运输流程，降低成本，提高物流效率。

（4）ANSYS Twin Builder 软件

ANSYS Twin Builder 软件是由美国 ANSYS 公司开发的一款优秀的数字孪生软件，广泛应用于机械、电气和流体控制等领域。通过大量的可视化工具，企业可方便地模拟、优化和预测数字孪生体各种可能的工作状态，进而发现最优的规律。此外，该软件还提供实时监控和预测功能，方便企业在特殊情况下完成对设备的控制。

（5）达索系统 3D Experience 软件

达索系统 3D Experience 软件是由法国达索系统集团开发的一款较为全面的数字化解决方案软件。该软件可建立完整的数字孪生模型，用于对物理空间实体或过程进行设计、仿真和优化调度等工作。同时，该软件也可以帮助企业更好地管理产品的制造过程，降低生产成本，提高生产效率和产品质量。

（6）山海鲸可视化软件

山海鲸可视化软件是由我国自主研制的一款较为先进的综合性数字孪生软件，广泛应用于工业和制造业等领域。该软件通过对物理空间实体或过程建立完整的数字孪生体，完成对智能设备、生产工艺、自动化生产线等的多层面监控和管理。这些层面主要包括数据连接层、数据处理层、大屏设计层、大屏分享层和大屏演示层。山海鲸可视化软件最大的优势就是可视化，通过丰富的可视化界面，企业可以实时监控数据的变化过程、对比和分析历史数据、诊断异常并完成报警等。此外，在目前市面上的数字孪生软件中,该软件性价比最高。

(7)超图软件

超图软件 Super Map 是我国超图集团旗下的一款数字孪生软件,也是亚洲最大、全球第二大的地理信息软件 GIS。超图软件的系列产品较多,主要有服务式开发平台、组件式开发平台、移动式平台和桌面式平台等。超图软件是数字政府、元宇宙、企业数字化、数字孪生和智慧城市、智慧交通等重要技术的底座,为数字中国提供了技术支持。

(8)ThreeJS 软件

ThreeJS 软件是一款用于建立各类三维可视化场景的软件,是我国使用最多、资料最全、基于原生 WebGL 封装、轻量级的三维引擎。ThreeJS 软件可应用于数字孪生系统,为其提供数字可视化解决方案。此外,ThreeJS 软件是免费的、开源的,便于企业应用和研究。

(9)Thing/S 软件

Thing/S 软件是一款基于物联网 PaaS 的可视化开发平台。该软件可使企业快速、轻松地完成 3D 可视化界面的集成工作,广泛用于工业互联网 3D 模型的解决方案。Thing/S 软件可应用于数字孪生领域,具有开发工具完善、模型种类丰富、教程文档众多等特点。此外,该软件还具有易学易用等优势,是工程师首选的一类由 3D 模型搭建的软件。但是,该软件也同时具有平台受限、使用价格高和非开源等缺点。

2.3
建模技术理论

无论是智能制造还是数据孪生,都需要对物理实体或过程进行建模,因此建模技术是它们共同的基础,可有效帮助企业更好地理解、优化、调度和预测物理实体或过程的实际运行过程。建模技术可以是多维度的,例如"几何—物理—规则—行为";也可以是多领域的,例如"机械—电气—物理"。同时,建模技术可以是单独的模型构建,也可以是组合的模型拼接。因此,要从六大方面考虑建模技术,分别是模型的建立、组合、融合、验证、优化和管理。模型的建立通常是指根据物理空间实体或过程的相关参数并结合研究的需要，选择一个恰当的维度或领域，在计算机中建立对应的基本仿真模型。模型的组合通常是指在基本仿真模型的基础上，结合不同的研究需求，将若干基本仿真模型进行组合，形成一个更复杂、更符合实际需求的多维度、多领域的复合仿真模型。模型的融合通常是指将组合在一起的复合模型进行技术磨合，使之成为一个多学科交叉执行的仿真模型。模型的验证通常是指根据某一具体需求，通过数据湖实时输入相关数据，从而验证模型运行的正确性、稳定性和有效性。模型的优化通常是指在验证模型时，对其不合理和不精确的方面进行修正；同时结合物理空间实体或过程在实际运行中出现的偏差进行模型再演算、再迭代，使之达到最优控制。模型的管理通常是指对最优模型进行的分类存储、维护、查找、调用等一系列过程，主要的目的是方便用户操作。建模技术的六大方面列出了一个模型从创建到管理的基本步骤，当然，在实际应用中也可根据需要进行动态调整，只选择其中的几个方面。

2.3.1　建模技术的基本概念

建模技术所涉及的维度和领域众多，因此基本概念和术语也十分复杂，这里只介绍一些主要的概念。

（1）建模技术

利用数学知识、计算机、3D仿真等技术手段，对现实生活中某个实体或过程在计算机等智能设备中建立对应的数字化模型，且该模型要真实、客观、合理地模拟实体或过程，能够实现这一任务的一系列技术的总和就是建模技术。

（2）目标函数

目标函数通常是指对所建立的计算机模型按照某些实际需求进行优化调度，最终实现期望的目标。通常将这些需求参数形式化为不同的自变量，将期望目标形式化为因变量，通过寻找规律，建立自变量和因变量的函数关系，从而将目标函数转换成数学函数。目标函数一般分为单目标函数和多目标函数。单目标函数主要围绕一个自变量进行优化调度，从而得到最优的因变量；多目标函数则围绕多个自变量进行优化调度，从而得到不同自变量相互制约下的最优因变量。单目标函数的优化相对简单，但解决实体或过程实际操作问题的能力偏弱；而多目标函数解决实体或过程实际操作问题的能力相对较强，但优化过程较难。目标函数的声明分两种，分别是显示声明和隐式声明。显示声明是直接给出目标函数的具体形式，表现为某个数学公式、代数方程等；隐式声明则不给出数学公式或代数方程，只是利用相应的方法，如有限元分析法、仿真法或人工神经网络法等，给出计算结果，从而得出目标函数值。目标函数的两种声明方式有各自的优缺点，在实际的建模过程中都有应用。

（3）模型约束

模型约束主要是指为方便研究，根据实际需求，为所建立的模型创建限制条件，让模型在这些限定条件下运行，从而完成相关数据的演算工作。模型约束可分为线性和非线性两种，也可分为单一和复合两种。不同模型约束对目标函数的最终优化起到了不同的作用，可根据实际需求进行选择。

（4）决策变量

决策变量是指在模型的优化过程中，根据企业需求所选择的若干变量，这些变量往往反映物理空间中某方面的具体可控因素。决策变量在建模过程中发挥着非常重要的作用，它指出了目标函数最终的优化方向。同时，决策变量也影响着模型约束，模型约束的确定始终要围绕着决策变量。应忽略所研究问题的次要矛盾，抓住主要矛盾，确定最终的模型约束。

（5）模型求解

模型求解通常是指在规定的模型约束下，结合现有的数据集，利用适当的数学计算手段对目标函数中相关的决策变量进行求解，找到使决策变量最大化或最小化的最佳参数值。

（6）模型优化

模型优化通常是指利用科学手段对所建立的模型进行处理，使之运行的最终结果最大限度地达到相关精度的要求。模型优化分为局部优化和全局优化两种。局部优化是指仅考虑企业的某部分要求或特点，例如针对一个车间、一台设备、一个部门等，进行模型优化；而全局优化则是从全企业的角度出发，结合完整的工作流程对模型进行优化。模型的局部优化相对简单，只反映一个局部；而模型的全局优化则相对复杂，反映的是企业的整体情况。

（7）模型的故障诊断

模型的故障诊断通常是指结合现有的数据集，利用适当的科学方法或手段完成对模型数据值的演算，并通过对不同模型值的解读，判断物理空间实体或过程所出现故障的类型，并确定发生故障的位置。

2.3.2 建模技术常用的方法

建模技术以独特的优势在智能制造中发挥着重要的作用，得到了广大科研工作者的重视。建模技术常用的方法有很多，例如回归分析法、层次分析法、图解建模法、决策树法、工作流建模法和数学规划法等，这里主要介绍常用的建模技术方法。

（1）回归分析法

回归分析法通常是指将物理实体或过程中具有某种关系的元素抽象为不同的变量，然后根据这些关系所呈现的状态，使用恰当的数学手段进行建模，近似地求解模型中各变量平均变化时所呈现的一种最佳状态值。因此，回归分析法通常研究如何建立自变量和因变量之间的回归模型，即经验公式；研究自变量和因变量之间的关联程度；研究所建立回归模型的可信度；研究回归模型对数据的适用度以及该模型的可用度。回归分析法主要分为一元线性回归、多元线性回归、非线性回归和逐步回归等。

（2）层次分析法

层次分析法最早是由美国匹兹堡大学的运筹学家 T.L.Saaty 提出的，他将定量法与定性法相结合，采用系统化、层次化的分析思想将复杂的多目标优化问题看作一个系统，制定不同的优化目标或准则，然后将这些目标或准则分散到不同的层次中，采用定性法模糊创建每个目标的定量值，进而演算出各层的局部优化和模型的全局优化方案，并依据该方案完成最终决策。层次分析法的根本思想首先是分解，即将研究对象分解成不同的元素变量；其次是分层，即按照元素变量之间的支配关系将研究对象构建成递阶层，并权衡各递阶层元素变量的权值得出所对应的局部优化值；最后是汇总，即汇总各层的局部最优值，并在此基础上得出模型的全局最优值。

（3）图解建模法

图解建模法通常是指将物理实体或过程抽象成一个个节点，将它们之间的关系抽象成一条边，如果节点之间存在关系，就使用边将其连接，最终形成一幅图。使用这种方法完成模型创建，即为图解建模法。根据边是否有向，模型可分为有向图模型和无向图模型两种。

（4）决策树法

决策树法通常是指利用树形结构来创建物理实体或过程所对应模型的一种方法。在树形结构中，出度为零的节点称为树叶，入度为零的节点称为树根，出度和入度均不为零的节点称为内结点。通常在决策树模型中，树根代表决策节点，树叶代表决策终点，内结点代表决策方案或某种状态发生的概率或损益值，树枝代表从决策节点到最终执行结果所经历的总方案、总概率或总损益值。若决策树只在树根就能完成决策，则称为单级决策；若决策树在树根或其他内结点都能完成决策，则称为多级决策。

（5）工作流建模法

工作流建模法通常是指将物理空间中的实体或过程按生产工序分解形成不同的节点，然后根据工序的触发条件及流程，建立各节点的偏序关系图，借助某种数学方法完成对关系图的建模过程。工作流建模要突出"流"的概念，因此在模型中会将触发各节点工作的条件反映出来，按照不同的触发条件，各节点的工作状态相互流动，从而体现出工作流的特点。

（6）数学规划法

数学规划法通常是在数据湖的基础上，利用数学方法对物理实体或过程进行建模，并借助计算机等先进设备对模型中的数学公式进行求解，得出多种解决方案的最优值供决策者选择。数学规划法分为线性规划法和非线性规划法两种，其中，线性规划法所利用的模型约束和目标函数都是线性的数学函数，其本质就是求方程组的解，因为线性函数的解就是最值；非线性规划法所利用的模型约束和目标函数都是非线性的数学函数，求最值的过程比较麻烦，要借助更为复杂的数学手段，在工业制造、交通运输等领域有着广泛的应用。

2.3.3 建模技术常用的工具

建模技术在智能制造和数字孪生领域中发挥着非常重要的作用，因此所使用的建模工具十分广泛。建模技术常用的工具可从几何模型、物理模型、规则模型和行为模型四个角度进行分类。

（1）用于构建几何模型的工具

几何建模类工具主要是根据物理实体或过程的几何参数进行建模，重点仿真实体或过程的外观形状、尺寸大小、位置关系或组装顺序等。这种类型的建模工具有 3DMax、SolidWorks 等，它们被广泛应用于工业设计、3D 动画、广告传媒和建设设计等领域。

（2）用于构建物理模型的工具

物理建模类工具主要是在几何建模的基础上，增加模型物理特性的仿真工作，使模型具有物理方面的转换功能。这种类型的建模工具有 ANSYS、Simulink 等，它们被广泛应用于机械制造、电气控制、液压控制等领域。

（3）用于构建规则模型的工具

规则建模类工具主要是在几何建模的基础上，增加模型在执行逻辑、执行规则或规律等方面的仿真工作，主要体现在对模型内在执行元素的描述上。这种类型的建模工具有 PTC 的 ThingWorx 等，它们被广泛应用于边缘计算、异常检测等领域。

（4）用于构建行为模型的工具

行为建模类工具主要是在几何建模的基础上，增加模型在外部行为驱动或行为干扰等方面的仿真工作，主要体现在模型外在执行元素的描述。这种类型的建模工具有 PLC 平台 CoDeSys、MWorks 等，被广泛应用于数控机床、动力控制等领域。

2.4

优化调度理论

早在 20 世纪 50 年代，优化调度理论就得到了工程技术、运筹学和应用数学等领域专家学者的重视，一些优秀的优化调度方法解决了一部分工程领域的优化调度问题。近些年现代制造企业越来越重视小批量、多品种产品的生产，现代优化调度理论得到了飞速发展，出现了将人工智能和计算智能应用于优化调度过程的研究成果，使生产企业可利用智能调度算法解决生产流程复杂的 NP 完全优化问题，为企业提高市场竞争力发挥了关键作用。因此，智能优化调度在智能制造和数字孪生领域具有光明的应用前景。

2.4.1 优化调度的基本概念

智能制造的优化调度理论近些年得到了飞速发展，逐渐融合了人工智能和计算机网络等先进技术。因此，优化调度所涉及的基本概念和功能特点也比较复杂，基本情况如下。

（1）最优化技术

最优化技术是一门交叉学科技术，它涉及数学、控制学、计算机科学和决策学等方面的知识，主要解决某领域实际应用中所涉及若干属性的最佳选择问题，寻找这些属性所呈现的数学模型最佳解的计算方法，研究这种计算方法所得解在该领域实际应用中的成效。最优化技术广泛应用于生产控制、工程设计、交通控制、经济规划、投资决策和国防等领域。

（2）优化调度

优化调度是指为达到某些指标，借助科学手段将资源合理地分配到相关设备上，并按照最优的时间顺序完成生产。从建模技术的角度看，优化调度可理解为将模型控制在不同的模型约束下，对目标函数求得最优解，并将最优解应用到生产设备上，调整设备运行的时序，达到最优化生产的目的。

（3）生产计划系统

生产计划系统是一个计算机辅助系统，生产企业可借助该系统，综合考虑市场需求、企业自身经营情况、原材料供应情况、生产成本等因素后，运用优化算法对企业的生产模式、生产任务进行规划，完成各生产部门月计划、季度计划、年计划的编制；企业根据这些计划进行协同生产，达到满足市场需求且利润最大化的目的。

（4）生产调度系统

生产调度系统是指能够将生产工艺所涉及的设备装置，按照某些参数进行合理、最佳配置并组织生产的一套控制系统。生产调度系统最重要的参数是时间，一个优秀的时间约束可准确地分解生产工序，降低系统的调度难度。生产调度的核心任务是在满足生产约束的条件下，分配好生产原料和控制好生产设备的工序。生产调度的总目标是减少生产损耗，达到生产质量最大化或生产成本最小化的目的。因此，生产调度系统要具有良好的动态性，能够根据市场需求、产品交付期、能源和原材料供给、设备故障和产品物流等变化作出实时调整，达到生产协同最优的平衡状态。生产调度系统要具有生产计划分解、实时监督、平衡协调、动态调度和报表统计等功能。

2.4.2　优化调度常用的方法

随着科学技术的进一步发展，复杂生产系统优化调度的手段越来越多，呈现出多元化的发展趋势。结合国内外研究文献，现将常用的复杂生产系统优化调度算法总结如下。

（1）运筹学调度算法

这种调度算法是以数学规划为理论模型，采用穷举分枝或动态规划等方式来完成企业生产调度的优化工作，属于精确求解的算法。精确求解算法对于优化结构固定、复杂度不高的生产流程调度具有一定的优势，但对于复杂生产流程的优化调度却存在灵活性差、建模不准确、调度不及时等缺陷，不能让企业及时适应市场变化获得竞争优势。

（2）系统模拟调度算法

这种调度算法会根据生产流程的实际运行情况进行仿真建模，它注重模型内部之间的逻辑关系，对不同的优化调度方案进行对比，分析各自的优缺点，选择最佳的结构参数，并将这些参数应用到实际的复杂生产流程系统中，达到优化调度的目的。系统模拟调度算法不以追求具体的数学建模为目的，因此具有更高的实际性。此外，通过准确的数据收集、全面的仿真建模及科学的性能分析，系统模拟调度算法总能找到适合复杂生产流程调度的优化方法。然而，这种调度算法也存在一些不足，例如，调度算法理论贡献不足、仿真建模困难且成本高、结果可信度受编程人员水平限制等，在实际应用过程中常会对这种调度算法折中使用。

（3）规则集分析调度算法

该算法是一种传统的生产流程调度算法，它将生产流程中的规则集中化，然后根据不同的规则制定不同的调度优先次序，进而完成整体优化工作。规则集分析调度算法具有简单易行、时间复杂度低等特点，长期以来一直应用于动态生产流程的调度过程中。根据规则集形式的不同，该算法又分为简单规则集分析调度算法、复合规则集分析调度算法和启发式规则集分析调度算法三种。近些年的研究文献表明，规则集分析调度算法无法实现供应链的全局最优调度，根本原因在于不存在全局最优规则集。因此，这种算法在复杂生产流程调度过程中的应用受限。

（4）决策树分解调度算法

这种算法起源于决策树，它将复杂生产流程的调度问题使用树形结构进行建模，将每一个树叶至树根的路径视为一种调度优化链路，通过决策树分解来完成最终的优化调度问题。根据决策树分解的不同，可将这种调度算法细分为模拟关键链路调度法、动态关键链路调度法、工艺优先集调度法、设备加权紧凑调度法、虚拟工艺调度法等。决策树分解调度算法可实现复杂生产流程的并行调度，此外，这种调度算法采用了由后向前的回溯优化思想，因此还可以完成加工工艺流程的局部优化工作。

（5）人工智能调度算法

这种调度算法以人工智能为基础，通过不断学习进化达到优化调度的目的，主要包括专家系统调度算法、多代理协作调度算法、智能搜寻调度算法等。人工智能调度算法的发展受限于知识获取程度和学习进化效率这两个方面，因此常与人工神经网络一起使用，但仍存在训练时间长、探寻能力低等缺陷。

（6）蚁群仿真调度算法

蚁群仿真调度算法的灵感来源于蚁群觅食的过程，蚂蚁之间相互传递信息并协同工作，总能以最短的路径觅得食物。这种调度算法较其他算法有一定的优势，如算法易于并行实现、总能找到最优解、具有很高的鲁棒性等。但也存在收敛速度慢、时间复杂度高等缺陷，在复杂生产流程的调度中，应用具有一定的局限性。

（7）微粒群调度算法

微粒群调度算法的灵感来源于鸟群捕食的过程，该算法将小鸟抽象为微粒，并研究微粒群之间相互传递信息的过程，通过迭代技术寻找目标的最优解。该算法具有简单、快速等优点，但优化精度不高，容易出现局部最优而非全局最优的现象。在实际的生产流程调度优化中，常与其他算法联合使用，这样才能发挥更好的作用。

（8）基于离散解析模型调度算法

这种调度算法比较适合汽车制造这种复杂生产流程的优化调度，因为汽车制造的复杂生产流程是一种典型的多离散耦合系统，该算法可以分析离散系统中各制造环节的供应关系，从而找到全局最优的调度方案。目前，用于这种调度算法的解析模型主要有极值代数模型、排队模型和Petri网模型等，其中后两种更为常用。排队模型将生产流程中的各环节抽象为服务台，将加工结果抽象为客户，根据完工时间、成本、加工质量等约束条件，随机完成各服务台与客户之间的分布并行描述。因此，排队模型是使用随机优化方法来完成柔性制造的优化过程，是建立在系统稳态工作的基础之上，难以给出详尽的优化细节。Petri网模型是一种使用图形理论对柔性制造进行描述的方法，可借助工作流技术来表示、分析制造过程中的并行和分布环节，再通过某种量化方法如马尔科夫方法求解，发现网中潜在的冲突因素，进而完成优化，寻找整体最佳的调度方案。因此，Petri网模型具有建模能力强、描述不确定及复杂问题效果好、系统性能高等优点。目前，使用Petri网模型来优化柔性制造供应链的文献较多，但仍存在众多问题，例如，图中节点表达的信息量偏少、处理反馈边制约结构方法受限、高级别调度规则量化困难等，这些问题需要广大科研工作者进一步研究。

随着科技的发展和研究者的探索，工作流调度模型和算法近些年也得到了一定的改进，出现了许多新手段。目前，比较常用的工作流调度模式和算法如下。

① 基于市场的模型算法。在这种调度模型算法中，工作流图的前驱任务是生产者，后继任务是消费者，工作流的调度体现为生产者与消费者之间的市场活动。基于市场的工作流调度模型算法必须遵守市场规律，消费者有权选择不同生产者的定价和服务，该算法可采用市场竞争的方式实现整个工作流图的最佳调度。通过研究发现，定价机制在基于市场的工作流调度模型算法中发挥了关键作用。目前，较流行的定价机制主要有博弈论定价机制、组合拍卖定价机制、双拍卖定价机制、负载预测定价机制和自治定价机制等。

② 基于 Agent 的模型算法。在基于 Agent 的模型算法中，工作流图各节点被抽象为一个个 Agent，整个图则表示为多层次的 Agent 集合。工作流的调度过程体现为每个 Agent 之间的协商过程，在综合考虑资源分配、变化和调整情况之后，得出最佳的调度方案。Agent 调度模型算法具有一定的灵活性和扩展性，比较适合复杂结构的生产流程调度。

③ 启发式模型算法。启发式模型算法由于能较好地解决 NP 完全问题，被广泛地应用于工作流调度过程。早期的启发式模型算法主要应用于单任务、单目标的优化过程，不适合工作流调度。随着科技的发展，基于列表的启发式模型算法逐渐形成，它的主要思想是，将工作流中的节点根据优先程度汇总成一张列表，再根据调度规则和约束从列表中选择合适的资源进行整体调度。常见的列表启发式模型算法主要有 DLS 算法、MH 算法和 HEFT 算法等。列表启发式模型算法具有较低的时间复杂度，其实现的关键在于确定工作流图中各节点的优先级。

④ 基于 Petri 网的模型算法。该模型是一种离散、并行的自动机网，具有一定的数学理论基础，以直观的图形方式来描述复杂、异步的生产流程系统。Petri 网模型非常适合应用在工作流调度算法中，近些年，相关的优化技术已成为生产流程调度研究中的一个热点。

2.4.3　优化调度常用的工具

优化调度在智能制造中占据着重要的地位，因此，选择满足调度特点的调度工具至关重要。这里列举一些常用的调度工具。

（1）Oozie 调度器

Oozie 调度器是由美国 Cloudera 公司开发的一种开源框架，可应用于 Hadoop 平台的优化调度引擎中，是属于 Web 的一种应用程序，可管理 Hadoop 作业，分为 Oozie 客户端和 Oozie 服务器端两部分。

（2）Azkaban 调度器

Azkaban 调度器是由美国 Linkedin 公司开发的一种工作流优化调度工具，可在某工作流内按优化调度方案对此工作流的执行进行调整。Azkaban 调度器利用 KV 格式文件保存工作流各节点之间的偏序关系，使用 Web 程序对工作流的执行过程进行监控跟踪。

（3）Cascading 调度器

Cascading 调度器用于定义和共享优化调度流程，可在单一计算节点或分布式计算节点集群上完成对调度流程的处理工作。若进行单一计算节点的优化调度，则 Cascading 调度器的本地模式被部署在集群节点之前，主要完成该节点的代码测试和本地数据的处理；若进行分布式计算节点集群的优化调度，则 Cascading 调度器充当了"中间翻译官"或"简化器"的角色，简化了程序开发过程，方便作业的创建和调度。

（4）Airilow 调度器

Airilow 调度器是由美国 Airbnb 公司开发的一款开源的、可编程的任务调度系统。该系统可分布式部署，采用 Python 进行程序开发，用于各调度任务的编排。同时，该调度器提供了丰富的第三方控件，更方便对各任务进行自动跟踪和监控计算等处理。

本章小结

本章主要介绍了智能制造、数字孪生、建模技术和优化调度所涉及的基本理论、基本概念、技术体系、常见的实现方法和工具，为后续智能制造系统的数字孪生技术提供理论铺垫。

Chapter 3

智能制造系统的数字孪生建模技术

本章主要介绍智能制造和数字孪生中有关模型建立的基础知识，包括模型设计的规则和模型的评估等，以及一些常见模型的定义和分析过程，包括线性模型、决策树模型、工作流模型和概率图模型等，为后续智能制造和数字孪生提供模型技术支持。

3.1

模型设计的规则

3.1.1 目标函数设计

由于目标函数是所建数字孪生模型最终被优化的期望目标，因此目标函数的科学性对基于数字孪生的智能制造系统的优化调度至关重要。常见的系统优化调度目标函数有最小二乘法函数、最大似然估计函数和松弛函数等。

（1）最小二乘法函数

最小二乘法是德国天文学家高斯于 1809 年提出的一种目标函数模型，该模型通常应用于线性或非线性系统的优化问题中。若某函数 $f_i(x)$ 被定义为 $R^n \rightarrow R$ 上的 n 元函数，其中，$i=1,2,\cdots,m$；R 为实数集合，存在某实数 $y_i \in R$，使得 $y_i=f_i(x)$，则构成如下方程组：

$$\begin{cases} y_1 = f_1(x) \\ y_2 = f_2(x) \\ \dots \\ y_i = f_i(x) \\ \dots \\ y_m = f_m(x); i = 1, 2, \cdots, m; y_i \in \mathbf{R} \end{cases} \tag{3-1}$$

该方程组未必存在可求解，因为存在 $m \geqslant n$ 的情况，此外，在实际应用中还存在误差等不确定因素，往往导致方程组等式未必成立。为了解决这种无法求解的问题，通常采用极小化误差 $\varDelta$ 范数平方的最小二乘法思想，可形式化为如下公式：

$$\begin{cases} \varDelta_i = y_i - f_i(x); i = 1, 2, \cdots, m; y_i \in R \\ e = \min_{x \in R^n}(\sum_{i=1}^{m} \varDelta_i^2) \end{cases} \tag{3-2}$$

当所有函数 $f_i(x)$ 均为线性函数时，该公式可用于解决线性最小二乘问题，除此之外，将解决非线性最小二乘问题。分析方程组（3-1）和公式（3-2）可知，若方程组（3-1）存在解，则该解为公式（3-2）的全局最优解；若方程组（3-1）无解，则可通过公式（3-2）求出全局最优近似解。因此，使用最小二乘法设计优化调度的目标函数，具有两方面优势。

① 由于 Δ 范数平方具有光滑的可微性，因此基于最小二乘法的目标函数具有很好的调度优化特性。

② Δ 范数对于误差处理具有最优性。当然最小二乘法的思想在实际应用中也有一定的变形，如最小最大法和最小一乘法。最小最大法是在方程组（3-1）的基础上，求解最大误差的最小值，因此最小最大法所对应模型的公式为：

$$\begin{cases} \Delta_i = y_i - f_i(x); y_i \in R \\ e = \min\limits_{x \in R^n}(\max\limits_i |\Delta_i|); i = 1,2,\cdots,m \end{cases} \tag{3-3}$$

最小一乘法是在方程组（3-1）的基础上，求解误差绝对值之和的最小值，因此最小一乘法所对应模型的公式为：

$$\begin{cases} \Delta_i = y_i - f_i(x); i = 1,2,\cdots,m; y_i \in R \\ e = \min\limits_{x \in R^n}(\sum\limits_{i=1}^{m} |\Delta_i|) \end{cases} \tag{3-4}$$

（2）最大似然估计函数

智能制造企业生产流程所涉及智能设备的运行绝大多数情况下都有一定的规律，这些规律所反映的数据呈现一定的概率分布。因此，从数据概率分布的角度构建目标函数来优化调度生产流程具有很重要的理论研究意义。最大似然估计函数就是一种常用的概率分析优化调度方法。其利用最大似然估计函数，将智能设备所呈现的概率数据进行科学处理，通过训练概率数据，使系统达到目标模型的最终要求，从而获得一组最优数据，完成设备的优化调度。

令 $P_i(\tau_i|x)$ 为生产设备 i 在 τ_i 条件和参数 x 下呈现稳定的概率，为了得到系统最优参数 x，可选取系统给定的 n 个生产设备，每个设备设定的条件为，$\tau_1,\tau_2,\cdots,\tau_i,\cdots,\tau_n$，则系统总体呈现的似然估计稳定概率 $\mathrm{Sum}P(x)$ 公式为：

$$\mathrm{Sum}P(x) = \prod_{i=1}^{n} P_i(\tau_i \mid x) \tag{3-5}$$

在最大似然估计稳定概率 $\text{Sum}P(x)$ 已知的条件下，该公式可逆向转换为对系统参数 x 的求解。若解 x 近似存在，则系统在稳定概率 $\text{Sum}P(x)$ 条件下的最优参数 x 被确定，从而完成生产流程的优化调度。这一过程可形式化为如下公式：

$$
\begin{cases}
\hat{P} \overset{\text{def}}{\Rightarrow} \max(\text{Sum}P(x)) \\
\hat{x} \in \underset{x \in X}{\arg}(\max(\text{Sum}P(x)))
\end{cases}
\tag{3-6}
$$

其中，$\hat{P}$ 为智能制造企业要求系统达到的最终稳定概率；def 为定义；X 为系统涉及的生产设备参数 x 的值域；$\hat{x}$ 为系统优化调度最优参数；arg 为逆向求解过程，即在参数 x 的值域 X 中寻找最优参数 $\hat{x}$，使系统最终似然估计稳定概率 $\text{Sum}P(\hat{x})$ 最大地接近给定的最终稳定概率 $\hat{P}$。

使用最大似然估计函数来构造目标函数，具有表示直观、求解简单等优点，在实际的生产调度优化过程中得到广泛的应用。

（3）松弛函数

由于智能制造生产流程对应的目标函数未必都是可求解的，因此就需要采取某些必要措施来最大限度地实现优化调度。松弛函数就是一种常用的手段，也是系统目标函数的某种折中函数。通过对松弛函数求解，可得到折中后系统所能达到的最优参数解，然后再用该解去优化调度折中前的智能制造生产流程。选取系统的松弛函数，可以利用如下公式：

$$
\begin{cases}
g(x) \overset{\text{def}}{\Rightarrow} R^n \to R \\
\max(g(x)) \leqslant f(x), \forall x \in X \\
g(x) \approx f(x)
\end{cases}
\tag{3-7}
$$

其中，$g(x)$ 为在实数集 $\mathbf{R}$ 上选取的松弛函数，要求该函数尽可能地简单且可求解；$f(x)$ 为系统最终的目标函数，且不可求解；X 为参数 x 的值域。

3.1.2 模型约束设计

智能制造企业的生产流程涉及许多方面，因此在构造目标函数模型时，要遵循一定的约束。模型约束的设计主要从以下几个方面开展。

（1）系统内部属性存在的约束问题

智能制造企业的生产流程通常是一个复杂的系统。在不同环境、不同工艺等外在条件下，系统内部各设备属性之间存在不同的约束关系。为此，优化调度要充分考虑这些约束，构造出符合实际情况的目标函数。例如，对于加工制造类系统，生产时间、生产成本和生产质量所对应的系统变量之间，就存在生产时间长则生产质量和生产成本都高的约束；对于电子结构计算类系统，系统结构所涉及的轨道函数之间往往存在相互正交的约束；对于飞行器结构类系统，系统的外观要符合空气动力学约束等。此外，智能制造企业的生产流程自身也要满足非负性约束，即系统拥有的资源、系统消耗的时间等不能为负。总之，这些系统内部属性存在的约束最终都影响着优化调度系统目标函数的设计。

（2）松弛目标函数原始的约束问题

智能制造生产流程的目标函数因所遵循的约束过于复杂而无法优化调度时，可借助松弛函数，将原始约束进行折中，降低其复杂性，从而实现优化调度的目的。松弛目标函数原始的约束一般是松弛参数的值域，若目标函数参数 x 的值域为 X，而松弛后的值域为 $\hat{X}$，则满足关系 $X \subset \hat{X}$，使系统能在更大、更宽松的值域内找到满足约束关系的目标函数参数 x。例如，若系统原始值域为（0，1），则松弛后的值域可以为 [0，1]；若系统原始约束为 $f(x)=0$，则松弛后的约束可以为 $f(x) \geqslant 0$。

松弛系统目标函数原始约束时，需要满足以下条件。

① 松弛目标函数的原始约束不能过大过宽，过大过宽的松弛目标函数原始约束可导致系统失真，使求出的解无法实现最优调度。

② 松弛后的约束应比原始约束简单，能满足目标函数在松弛后的约束条件下可求解的要求。

（3）同构变换目标函数的原始约束问题

在某些情况下，目标函数的原始约束可进行同构变换，变换为等价的另一种形式，这个过程称为约束的同构变换。约束的同构变换既保证了其原始性，又降低了其复杂性。不同于松弛约束的技术手段，约束同构变换所确定的最优解仍然是目标函数原始的最优解，而不是近似最优解。同构变换原始约束一般发生在原始约束为复杂复合约束的情况下，可通过引入相关变量等手段，将复合约束同构变换为组合约束，从而实现将目标函数在复杂复合约束下的求解过程同构变换成在简单组合约束下的求解过程。由于是在简单的组合约束下求解，因此求解过程可分步处理，从而降低求解复杂度，便于求得目标函数的最优解。

例如，某目标函数的复合约束为：

$$\max_{x \in R}(f(ax^2 + bx + c)) \tag{3-8}$$

可引入变量 y，将该复合约束同构变换为组合约束：

$$\begin{cases} y = ax^2 + bx + c, x \in R \\ \max_{y \in R}(f(y)) \end{cases} \tag{3-9}$$

又如，某系统目标函数的复合约束为：

$$\max_{x \in R}(f(x) = g(x) + h(x)) \tag{3-10}$$

可引入变量 y，将该复合约束同构变换为组合约束：

$$\begin{cases} y = x, x \in R \\ c = \max_{y \in R}(h(y)) \\ \max_{x \in R}(g(x) + c) \end{cases} \tag{3-11}$$

通过同构变换，可将约束（3-10）的全局优化求解问题转变为约束（3-11）的局部优化求解问题，大大降低了求解的难度。

3.2
模型的评估

3.2.1 模型误差分析

在数字孪生的智能制造系统中，复杂生产流程所对应模型的目标函数往往不存在最优解，可通过各种技术手段求到近似最优解。该近似解是在虚拟空间求得的，应用到物理空间后，设备的生产过程未必正确。

通常将模型在不同样本约束下所求得的错误最优解的次数占全部最优解次数的比例称为模型的偏差率 $\check{D}$。假设模型的某次执行共有 n 个不同的样本输入，输出的最优解在实际的生产调度中出现 m 次错误，则该模型的偏差率 $\check{D}=m/n$，$n \geqslant m$；相反地，将 $1-\check{D}$ 称为该模型的准确率 $\hat{A}$，即 $\hat{A}=1-\check{D}=1-m/n$。可将模型的准确率进一步延伸，生产流程所对应的模型在准确率下的真实输出与智能制造企业的预测输出之间的差异称为模型的误差。根据样本类型的不同，产生的模型误差又分为模拟误差和演绎误差。模拟误差是指数字孪生模型在生产制造企业以往生产数据样本库中模拟求解所产生的模型误差，也称为专家模型误差；而演绎误差是指数字孪生模型在全新样本数据中求解所产生的模型误差。模拟误差侧重于对已有样本数据的再优化调度，而演绎误差则反映模型在实际应用中的优化调度过程。显然，降低演绎误差是数字孪生下生产流程所对应模型的现实目标，但是该模型最初又是以降低模拟误差为需求开始训练的。因此，模拟误差和演绎误差之间存在着相辅相成的关系。

在实际的应用过程中，新样本数据存在一定的未知性，这就导致无法及时获得演绎误差。为了尽量使模型能够在未知的新样本数据中达到最小的演绎误差，通常让该模型在已有的样本数据库中反复训练优化，达到最小的模拟误差。为了使模型达到最小的模拟误差，优化模型时尽可能利用已有的样本数据，找出所有潜在的科学规律，使模型变为最"优"。然而，当这种最"优"模型输入新样本数据时，往往输出更加不理想的调度方案，这种情况被称为模型的过拟合现象。与之相反，模型在已有样本数据中训练得不佳，会导致其在新样本中调度时输入不理想的调度方案，这种情况被称为欠拟合现象。

模型的欠拟合现象容易解决，使用已有样本数据继续训练模型即可。模型的过拟合现象不容易解决，或者说是不可避免的。这主要是因为智能制造生产流程的优化调度是一个 NP 难题，我们无法构造出一个完全解决 NP 难题的最优模型，既然不存在这样的模型，就会反复地对其进行训练，最终导致模型过拟合现象的出现。因此，为了尽量避免模型的过拟合，通常要对模型进行适当的选择，在众多模型方案中找出最适合的模型，然后对其开展后续的训练。

3.2.2 模型训练和评估方法

数字孪生下智能制造生产流程所对应模型的训练对于尽量避免模型过拟合起着非常关键的作用。因此，使用生产企业旧样本数据库来训练并评估模型至关重要。显然，对于模型的训练和评估都是基于生产企业旧样本数据库进行的，为此应当将旧样本数据库中的样本一分为二，一部分用于模型的训练，一部分用于模型的评估。假设生产企业旧样本数据库中存在 n 个样本数据，即样本数据集为 $D(x_1,x_2,\cdots,x_i,\cdots,x_n)$，其中，$x_i$ 表示第 i 个样本数据，且 $i=1,2,\cdots,n$。从集合 D 中选取 m 个样本进行模型训练，选取 $n-m$ 个样本进行模型评估，分别创建模型训练样本数据集 T 和模型评估样本数据集 E，即 $T(t_1,t_2,\cdots,t_j,\cdots,t_m)$，其中，$t_j$ 表示第 j 个模型训练样本数据，且 $j=1,2,\cdots,m$；$E(e_1,e_2,\cdots,e_k,\cdots,e_{n-m})$，其中，$e_k$ 表示第 k 个模型评估样本数据，且 $k=1,2,\cdots,n-m$；集合 T 和集合 E 满足 $T \cup E=D$ 的关系。在此策略下，通常有以下几种模型训练和评估方法。

（1）训练评估互补法

训练评估互补法，顾名思义，是指将制造企业已有生产数据的样本库 D 分成两个互补的样本数据集 T 和 E，其中，集合 T 用于模型的训练，集合 E 用于模型的评估，集合 T 和集合 E 满足以下约束：

$$\begin{cases} T \cup E = D \\ T \cap E = \varnothing \end{cases} \tag{3-12}$$

由于集合 T 专门用于模型的训练，因此当其使模型达到最优时，即可使用集合 E 对其进行评估，得出模型的模拟误差，从而推测出演绎误差。例如，假设制造企业已有的生产数据样本库 D 中存在 1000 个样本数据，选取其中的 600 个样本组建集合 T，剩余的 400 个样本组建集合 E，集合 D、集合 T 和集合 E 满足约束（3-12）。模型在集合 T 上充分地进行训练，使模拟误差尽可能地低。当模型达到最优要求后，就可以使用集合 E 对其进行评估。若集合 E 在评估过程中有 50 个样本数据出现错误，则该模型的偏差率 $\check{D}$=50/400=12.5%，模型的准确率 $\hat{A}$=1−$\check{D}$=1−12.5%=87.5%。分析错误的 50 个样本数据，可推算出该模型的演绎误差。

训练评估互补法的优势是操作简单，但缺陷也比较明显，即训练集

合 T 和评估集合 E 选取不当会给模型引入操作误差。操作误差是指模型在训练与评估过程中，由于操作不合理而产生的误差。例如，在选取模型训练集合 T 和评估集合 E 时，没有考虑样本库 D 中样本的特点，只是简单地遵循集合之间满足约束（3-12）的要求，就会导致有相同或相似生产约束要求的样本过于集中在集合 T 或集合 E 中，使模型训练不全面，从而在评估时出现较大的演绎误差。

解决模型操作误差的常用手段是分类比例集合划定法，即先分析样本库 D 中各样本的特点并进行分类，在每类样本中按比例选取样本数据构建集合 T 和集合 E。例如，某制造企业已有的生产数据样本库 D 中存在 1000 个样本数据，根据样本数据的特点可将其分为四个不同的样本类别，每类样本数据的个数分别为 400、300、200 和 100。按选取比例值 λ 构建集合 T 和集合 E，即从样本库 D 的各类样本数据中按选取比例 λ 选取样本数据构建集合 T，按选取比例 $1-\lambda$ 选取样本数据构建集合 E。假设 $\lambda=0.7$，则集合 T 中应该有样本数据 700 个，包含每类样本数据的个数分别为 280、210、140 和 70；集合 E 中应该有样本数据 300 个，包含每类样本数据的个数分别为 120、90、60 和 30。在实际应用中，比例值 λ 要经过多次训练与评估来确定。λ 过大，则有利于模型训练，降低模拟误差；λ 过小，则有利于模型评估，降低演绎误差，通常选取 $\lambda=0.7$。此外，训练评估互补法要经过多次分类比例集合划定后取平均值来决定模型的优劣，这主要是由于制造企业已有生产数据样本库 D 中新类型数据更新缓慢而导致的。因此只有在有限的样本库 D 中反复进行训练与评估，才能较为确切合理地得出最终的模型。

（2）训练评估轮测法

训练评估轮测法的策略是，首先采用分类比例集合划定法将制造企业已有生产数据样本库 D 中的样本划分为基数相似的 μ 个子集合，即集合 $D_1, D_2, \cdots, D_i, \cdots, D_\mu$，$1 \leqslant i \leqslant \mu$，这些子集合 D_i 满足以下约束：

$$\begin{cases} \bigcup\limits_{i=1}^{\mu} D_i = D \\ D_i \cap D_j = \varnothing \text{且} |D_i| \dot{=} |D_j| \\ 1 \leqslant i \leqslant \mu; 1 \leqslant j \leqslant \mu; i \neq j \end{cases} \qquad (3\text{-}13)$$

其次，轮流地选取第 i 个子集 D_i 作为模型的评估集合 E，剩余的 $D-D_i$ 子集作为模型的训练集合 T，使用集合 T 训练模型，使用集合 E 评估模型，这一个过程要进行 μ 次。最后，结合每次训练和评估的误差来改进模型。训练评估轮测法的示意图如图 3-1 所示。

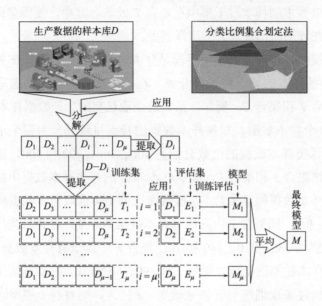

图 3-1　训练评估轮测法

在训练评估轮测法中，μ 被称为轮次，通常设为 5、10 或 20 等值。在实际的应用中，可以将训练评估轮测法重复 k 次，构成 k 次 μ 轮模型优化，这种方法所构建的模型称为 k-μ 轮测模型，具有更低的演绎误差。

（3）训练评估自举法

训练评估互补法和轮测法所使用的训练集 T 和评估集 E 都是样本库 D 的子集且互补。若样本库 D 中的样本数据量 n 偏小，则训练集 T 和评估集 E 中样本数据量也会偏少，而基于少量样本数据所进行的训练和评估会使模型训练和评估不充分，进而引发演绎误差偏高的严重后果。为此，需要推出一种针对样本库 D 中数据量偏少的模型训练和评估方法，而训练评估自举法就是其中的一种。

训练评估自举法的策略是，对样本库 D 中的样本数据进行随机采样

n 次，n 为样本库 D 的基数，即 $|D|=n$，然后构建采样样本数据集 $Ð$，将采样样本数据集 $Ð$ 赋予训练集 T，将样本库 D 赋予评估集 E，使用集合 T 和集合 E 完成对模型的训练和评估过程。由于每次对样本库 D 进行采样后，会将采样过的数据重新放回样本库 D 中进行下次采样，因此最终样本库 D 和采样样本数据集 $Ð$ 中的样本数量相同，即 $|D|=|Ð|=n$。显然，这种操作会导致相同的采样数据重复地出现在采样样本数据集 $Ð$ 中，也会导致样本库 D 中某些样本数据从未出现在采样样本数据集 $Ð$ 中。假设，某样本数据在样本库 D 中被随机采样，则被选中的概率为 $1/n$，而该样本数据本次采样未被选中的概率为 $1-\dfrac{1}{n}$；将该样本数据重新放入样本库 D 中进行下次采样，则第二次该样本数据未被选中的概率为 $(1-\dfrac{1}{n})^2$；以此类推，重复采样 n 次后，该样本数据未被选中的概率为 $(1-\dfrac{1}{n})^n$。若 n 趋于 ∞，则有公式：

$$\lim_{n\to\infty}(1-\frac{1}{n})^n = \frac{1}{e} \doteq 0.368 \tag{3-14}$$

从公式可以看出，在样本库 D 中，总有约占 36.8% 的样本数据未被采样，并且未出现在采样样本数据集 $Ð$ 中；又因为训练集 $T=Ð$，评估集 $E=D$，故模型的训练集和评估集不同，模型也是在这样的情况下完成训练与评估工作的。

3.2.3 模型性能分析

数字孪生环境下的生产制造模型经训练与评估后，还要进行性能分析，纵向地评估该模型在完成制造企业生产任务时的总体表现情况。模型性能分析的本质是降低模型的演绎误差。然而，不同的性能分析方法、不同的样本数据和不同的任务需求都会导致同一模型存在性能差异。因此，模型的性能分析要充分考虑制造企业的生产需求，并不存在可满足所有制造企业任何生产需求的万能模型。

在模型性能分析过程中，假设生产企业样本库中存在 n 个样本数据，即样本数据集为 $D(x_1,x_2,\cdots,x_i,\cdots,x_n)$，其中，$x_i$ 表示第 i 个样本数据，

且 $i=1,2,\cdots,n$；针对这些样本数据，生产企业给出 n 个期望值，如果用集合 G 表示该期望值集合，则集合 G 可形式化为 $G(g_1,g_2,\cdots,g_i,\cdots,g_n)$，其中，$g_i$ 表示制造企业第 i 个样本数据的期望值，且 $i=1,2,\cdots,n$。根据描述，可分析出集合 D 和集合 G 以及待性能分析的模型 M 之间存在如下约束关系：

$$\begin{cases} M(x_i) \mapsto g_i; i=1,2,\cdots,n \\ M(D) \mapsto G \end{cases} \tag{3-15}$$

其中，$\mapsto$ 表示期望的含义。基于以上假设，有以下几种常用的性能分析方法。

（1）演绎误差的均方差分析法

均方差是一种常用的误差分析手段，它通过求期望值与运算值差平方的均值来衡量两者之间的拟合程度，具有操作简单和表示直观等特点，被广泛地应用于模型性能分析过程中。生产制造模型 M 的演绎误差均方差 V 可通过以下公式来计算：

$$\begin{cases} g_i \in G, x_i \in D; i=1,2,\cdots,n \\ V = \dfrac{1}{n}\sum_{i=1}^{n}(g_i - M(x_i))^2 \end{cases} \tag{3-16}$$

V 值越大，说明模型 M 的性能越差；V 值越小，则说明模型 M 的性能越好，与生产企业的期望值越拟合。

若模型 M 的样本库 D 中样本数据呈现出某种连续的数据分布方式，则这一方法可进一步演变。令 $\aleph$ 为样本数据的连续数据分布空间，$p(x)$ 表示样本 x 在连续数据分布空间 $\aleph$ 中分布的概率密度函数，则生产制造模型 M 的演绎误差均方差 V 可通过以下公式来计算：

$$\begin{cases} g = \dfrac{1}{n}\sum_{i=1}^{n}g_i \\ V = \displaystyle\int_{1}^{\aleph}(M(x)-g)^2 p(x)\mathrm{d}x \end{cases} \tag{3-17}$$

（2）模型的偏差率和准确率分析法

如前所述，模型的偏差率 $\check{D}$ 是模型在不同样本约束下求得错误最优解的次数占全部最优解次数的比例，而模型的准确率 $\hat{A}$ 则正好相反。因此，对于样本集 D 和期望值集 G，可以使用以下公式来计算模型 M 的

偏差率 $\check{D}$ 和准确率 $\hat{A}$：

$$\begin{cases} \check{D} = \dfrac{1}{n}\sum_{i=1}^{n}(\text{count}(*)\,|\,(M(x_i)\neq g_i)) \\[2mm] \hat{A} = \dfrac{1}{n}\sum_{i=1}^{n}(\text{count}(*)\,|\,(M(x_i)=g_i)) \\[2mm] \hat{A}+\check{D}=1;\ x_i\in D;\ g_i\in G \end{cases} \quad （3\text{-}18）$$

其中，count(*) 表示统计个数的函数。该公式表明，$\check{D}$ 值越大，$\hat{A}$ 值越小，模型 M 的性能越差；$\check{D}$ 值越小，$\hat{A}$ 值越大，则模型 M 的性能越好，与生产企业的期望值越拟合。

若模型 M 的样本库 D 中样本数据呈现出某种连续的数据分布方式，则这一方法可进一步演变。令 $\aleph$ 为样本数据的连续数据分布空间，$p(x)$ 表示样本 x 在连续数据分布空间 $\aleph$ 中分布的概率密度函数，则生产制造模型 M 的偏差率 $\check{D}$ 和准确率 $\hat{A}$ 可通过以下公式来计算：

$$\begin{cases} g = \dfrac{1}{n}\sum_{i=1}^{n}g_i \\[2mm] \check{D}=\displaystyle\int_{1}^{\aleph}(\text{count}(*)\,|\,(M(x)\neq g)\,p(x)\mathrm{d}x \\[2mm] \hat{A} = \displaystyle\int_{1}^{\aleph}(\text{count}(*)\,|\,(M(x)=g)\,p(x)\mathrm{d}x \\[2mm] \hat{A}+\check{D}=1;\ g_i\in G \end{cases} \quad （3\text{-}19）$$

（3）模型的代价偏差率分析法

在具体的制造企业中，利用模型对不同生产过程进行优化调度所造成的偏差给企业生产带来的损失不尽相同，有的非常大，如机毁人亡；有的则微乎其微，甚至可以多次重新执行。因此，应该为模型的偏差构建代价损失函数 $\text{cost}(i)$，即第 i 个样本出现偏差时，企业所付出的代价为 cost。为了方便模型性能分析，可以为企业付出的代价设置一个阈值，大于等于该阈值为高代价，表示为 cost_H；小于该阈值的为低代价，表示为 cost_L。依据给定的代价阈值来统计样本集合 D，可将样本数据进一步分为两个集合，分别是高代价样本数据集合 D_H 和低代价样本数据集合 D_L。因此，模型 M 的偏差率 $\check{D}$ 可通过以下公式来计算：

$$\begin{cases} \check{D} = \dfrac{1}{n}(\sum_{x_i \in D_H} (\text{count}(*) \mid (M(x_i) \neq g_i)) \times \cos t_H \\ \qquad + \sum_{x_i \in D_L} (\text{count}(*) \mid (M(x_i) \neq g_i)) \times \cos t_L) \\ i = 1, 2, \cdots, n \end{cases} \qquad (3\text{-}20)$$

该公式也可以根据企业付出的更多代价阈值进行改进。同样，$\check{D}$ 值越大，说明模型 M 的性能越差；$\check{D}$ 值越小，则说明模型 M 的性能越好，与生产企业的期望值越拟合。

若模型 M 的样本库 D 中样本数据呈现出某种连续的数据分布方式，则这一方法可进一步演变。令 $\aleph_H$ 为样本数据高代价的连续数据分布空间，$\aleph_L$ 为样本数据低代价的连续数据分布空间，$p(x)$ 表示样本 x 在连续数据分布空间 $\aleph_H$ 和 $\aleph_L$ 中分布的概率密度函数，则生产制造模型 M 的偏差率 $\check{D}$ 可通过以下公式来计算：

$$\begin{cases} g = \dfrac{1}{n}\sum_{i=1}^{n} g_i; g_i \in G \\ \check{D} = \int_{1}^{\aleph_L} (\text{count}(*) \mid (M(x) \neq g) p(x) \cos t_L \mathrm{d}x \\ \qquad + \int_{\aleph_L}^{\aleph_H} (\text{count}(*) \mid (M(x) \neq g) p(x) \cos t_H \mathrm{d}x \end{cases} \qquad (3\text{-}21)$$

3.3
线性模型

3.3.1 模型的定义

假如智能制造企业的某生产工艺涉及 m 个属性参数 a，则每个样本 x 可由这些属性参数表示为 $x(a_1, a_2, \cdots, a_i, \cdots, a_m)$，其中，$a_i$ 是样本 x 的第 i 个属性参数值，$1 \leqslant i \leqslant m$。生产工艺主要是利用数学中线性函数 $y = f(x) = kx + b$ 进行建模。将制造企业期望目标 g 设置为 y，并将样本 x 的 m 个属性参数代入该线性函数，得到以下线性公式：

$$\begin{cases} f(x) = k_1a_1 + k_2a_2 + \cdots + k_ia_i + \cdots + k_ma_m + b; i=1,2,\cdots,m \\ y = f(x) \\ g \mapsto y \end{cases} \qquad (3\text{-}22)$$

令参数矩阵 $K=[k_1,k_2,\cdots,k_m]_{1\times m}$，则公式（3-22）可简化为：

$$\begin{cases} f(x) = K^T x + b \\ y = f(x) \\ g \mapsto y \end{cases} \qquad (3\text{-}23)$$

在模型的训练过程中，样本数据 x 的各属性参数及模型最终输出 y 是确定的，若令 $g=y$，则可通过公式（3-22）或公式（3-23）反复训练，最终获得最优的线性函数参数矩阵 K 和 b，从而完成生产工艺线性模型的训练过程。

实际上，生产工艺线性模型中的函数参数 k_i 反映了第 i 个属性参数 a_i 在整个模型中的比重，若该属性参数 a_i 是重要的属性参数，则其所对应的函数参数 k_i 就越大，反之则越小。例如，智能制造企业某生产工艺的属性参数为生产时间 a_h、生产成本 a_c 和生产质量 a_q，经线性模型训练后，各属性参数所对应的函数参数分别为 0.35、0.2 和 0.45，若调整常数 b 为 2，则该生产工艺的线性模型为 $g\mapsto f(x)=0.35a_h+0.2a_c+0.45a_q+2$。该线性模型表明，智能制造企业的该生产工艺比较侧重产品的生产质量和生产时间。

线性模型具有建模简单、易于训练等优点，在数字孪生的智能制造建模中得到广泛应用。

3.3.2 模型的求解

智能制造生产工艺的线性模型需要确定有多个属性参数的函数系数 k_i 及调整常数 b。为方便模型训练求解，先研究生产工艺只有一个属性参数的情况，即在只有属性参数 a_i 的情况下，求解所对应的函数系数 k 及调整常数 b。

当智能制造生产工艺的线性模型只有一个属性参数 a_i 时，模型所对应的线性函数公式为：

$$\begin{cases} f(x) = ka_i + b \\ y = f(x) \\ g \mapsto y \end{cases} \qquad (3\text{-}24)$$

根据演绎误差的均方差分析法即公式（3-16），模型均方差 V 的公式如下所示：

$$\begin{cases} g_i \in G, x_i \in D; i=1,2,\cdots,n \\ V=\dfrac{1}{n}\sum_{i=1}^{n}(g_i-f(x_i))^2=\dfrac{1}{n}\sum_{i=1}^{n}(g_i-ka_i-b))^2 \end{cases} \tag{3-25}$$

使用最小二乘法对公式（3-25）求解，用公式（3-25）分别对函数参数 k 和调整常数 b 进行偏导，可得如下公式：

$$\begin{cases} g_i \in G, x_i \in D; i=1,2,\cdots,n \\ \dfrac{\partial V}{\partial k}=\dfrac{2}{n}(k\sum_{i=1}^{n}a_i^2-\sum_{i=1}^{n}(g_i-b)a_i) \\ \dfrac{\partial V}{\partial b}=\dfrac{2}{n}(nb-\sum_{i=1}^{n}(g_i-ka_i)) \end{cases} \tag{3-26}$$

为得到最优的函数参数 k 和调整常数 b，可令（3-26）中等式为零，即演绎误差最小，得到如下公式：

$$\begin{cases} k=\dfrac{\sum_{i=1}^{n}g_i(a_i-\frac{1}{n}\sum_{i=1}^{n}a_i)}{\sum_{i=1}^{n}a_i^2-\frac{1}{n}(\sum_{i=1}^{n}a_i)^2} \\ b=\dfrac{1}{n}\sum_{i=1}^{n}(g_i-ka_i) \end{cases} \tag{3-27}$$

将智能制造生产工艺线性模型只有一个属性参数 a_i 的求解情况进行推广，仍然采用演绎误差的均方差分析法和最小二乘法相结合的思想，可求出有多属性参数的参数矩阵 $\boldsymbol{K}$ 和调整参数 b。由于样本数据集 D 中有 n 个样本 x，每个样本涉及 m 个属性参数 a，因此可将样本数据集 D 改造成如下矩阵：

$$\boldsymbol{D}=\begin{bmatrix} a_{11} & a_{12} & \cdots & a_{1j} & \cdots & a_{1m} & 1 \\ a_{21} & a_{22} & \cdots & a_{2j} & \cdots & a_{2m} & 1 \\ \cdots & \cdots & \cdots & \cdots & \cdots & \cdots & \cdots \\ a_{i1} & a_{i2} & \cdots & a_{ij} & \cdots & a_{im} & 1 \\ \cdots & \cdots & \cdots & \cdots & \cdots & \cdots & \cdots \\ a_{n1} & a_{n2} & \cdots & a_{nj} & \cdots & a_{nm} & 1 \end{bmatrix}_{n\times(m+1)}=\begin{bmatrix} x_1^{\mathrm{T}} & 1 \\ x_2^{\mathrm{T}} & 1 \\ \cdots & 1 \\ x_i^{\mathrm{T}} & 1 \\ \cdots & 1 \\ x_n^{\mathrm{T}} & 1 \end{bmatrix}_{n\times 2} \tag{3-28}$$

在矩阵 $\boldsymbol{D}$ 中，将最后一列设置为 1，主要目的是将调整参数 b 引入求解过程中。令矩阵 $\boldsymbol{\kappa}=[\boldsymbol{K}^{\mathrm{T}},b]^{\mathrm{T}}$，其中，$\boldsymbol{K}$ 为函数参数矩阵，b 为调整参数。将企业期望值 $G(g_1,g_2,\cdots,g_i,\cdots,g_n)$ 代入矩阵 $\boldsymbol{\kappa}$ 并使用公式（3-27）消掉相关系数，可得以下公式：

$$\boldsymbol{\kappa}^* = \arg\min_{\boldsymbol{\kappa}}((\boldsymbol{G}^{\mathrm{T}} - \boldsymbol{D}\boldsymbol{\kappa})^{\mathrm{T}}(\boldsymbol{G}^{\mathrm{T}} - \boldsymbol{D}\boldsymbol{\kappa})) \qquad (3\text{-}29)$$

为使公式（3-29）最优，令 $\boldsymbol{V}\boldsymbol{\kappa} = (\boldsymbol{G}^{\mathrm{T}} - \boldsymbol{D}\boldsymbol{\kappa})^{\mathrm{T}}(\boldsymbol{G}^{\mathrm{T}} - \boldsymbol{D}\boldsymbol{\kappa})$，并对矩阵 $\boldsymbol{\kappa}$ 求偏导，可得以下公式：

$$\frac{\partial \boldsymbol{V}_{\boldsymbol{\kappa}}}{\partial \boldsymbol{\kappa}} = 2\boldsymbol{D}^{\mathrm{T}}(\boldsymbol{D}\boldsymbol{\kappa} - \boldsymbol{G}^{\mathrm{T}}) \qquad (3\text{-}30)$$

令偏导公式（3-30）等式为零，可求出矩阵 $\boldsymbol{\kappa}$ 的最优解为：

$$\begin{cases} \boldsymbol{\kappa} = (\boldsymbol{D}^{\mathrm{T}}\boldsymbol{D})^{-1}\boldsymbol{D}^{\mathrm{T}}\boldsymbol{G}^{\mathrm{T}} \\ \left[\boldsymbol{K}^{\mathrm{T}},b\right]^{\mathrm{T}} = \boldsymbol{\kappa} \end{cases} \qquad (3\text{-}31)$$

利用公式（3-31）可求出多属性参数情况下的参数矩阵 $\boldsymbol{K}$ 和调整参数 b。

3.4
决策树模型

3.4.1　决策树模型的定义

决策树模型是指将智能制造企业生产流程所涉及的设备按偏序关系建模成一棵树，利用树形结构的优良特性完成生产流程的优化调度过程。通常情况下，决策树模型是由根节点、中间节点和叶子节点构成的，其中，根节点有且只有一个，包含全部样本数据集 D 的样本数据；叶子节点可以有多个，一个叶子节点为模型输出的一个优化调度决策；中间节点可以有多个，是生产工艺所涉及的某个属性参数的测试。决策树模型中的根节点、中间节点和叶子节点要满足树的约束，即根节点有且只有一个；除根节点以外，其他节点有且只有一个父节点。在决策树模型中，从根节点到某个叶子节点所经过的全部节点组成的路径称为决策路径，它是决策树模型对生产工艺在样本数据集 D 某个子集上的一次判定测试。智能制造企业生产流程决策树模型的创建流程如图 3-2 所示。

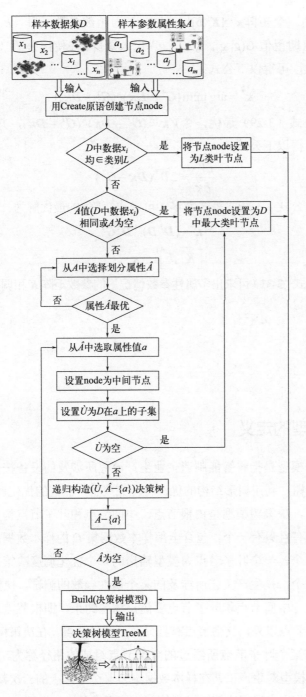

图 3-2 决策树模型创建流程

　智能制造系统的数字孪生技术：建模、优化及故障诊断

3.4.2　决策树模型的划分选择

在决策树模型创建流程中，从参数属性子集 A 中选择最优属性子集 $\hat{A}$ 是关键。一个最优的集合 $\hat{A}$，可将决策树模型中间节点 node 所涉及的样本数据更多地包含在同一类中，即该中间节点 node 在该属性集 $\hat{A}$ 中的纯度更高。因此，样本数据在某属性集合中的纯度是决策树模型划分选择的重要指标，以下是一些常用的度量方法。

（1）信息熵增量法

假设样本数据集 D 中的数据可分为 L 类样本，令 λ_i 为第 i 类样本数据在 D 中的比例，$1 \leqslant i \leqslant L$，则样本数据集 D 的信息熵 Γ_D 为：

$$\Gamma_D = -\sum_{i=1}^{L} \lambda_i \log_2 \lambda_i \tag{3-32}$$

信息熵 Γ_D 越小，则样本数据集 D 的纯度越高。

样本属性集 A 中某属性 a_i 有 K 个不同的值，即值域为 $\{a_{i1}, a_{i2}, \cdots, a_{ij}, \cdots, a_{iK}\}$，$1 \leqslant j \leqslant K$，若选择该属性 a_i 对样本数据集 D 进行属性划分，则可生成 K 个中间节点 node。令 D_j 表示第 j 个中间节点 node 所包含的样本数据集合，通过统计集合 D_j 中样本数据占总样本数据集 D 的比重，即 $|D_j|/|D|$，可知该中间节点 node 对整个决策树模型优化调度的影响力，同时，使用公式（3-32）可计算出所对应的信息熵 Γ_{D_j}，利用下列公式可计算出属性 a_i 对样本数据集 D 进行属性划分时的信息熵增量 I_{ai}。

$$I_{ai} = \Gamma_D - \sum_{j=1}^{K} \frac{|D_j|}{|D|} \Gamma_{D_j} \tag{3-33}$$

信息熵增量越大，说明用属性 a_i 所划分的样本数据集 D 的纯度越高，建立的决策树模型越好。因此，可将决策树模型创建流程中的属性值 a 设置为：

$$a = \arg\max_{ai \in A} I_{ai} \tag{3-34}$$

（2）信息熵增率法

使用信息熵增量法建立的决策树模型对样本数据集 D 中属性 a_i 取值较多的属性具有一定的优先考虑，然而这样在实际的优化调度中未必准确，为此，对信息熵增量法进行了优化，将信息熵增量改为信息熵增率，使用信息熵增率对属性进行划分。

利用上述符号定义，可令 IK_{ai} 表示属性 a_i 在样本数据集 D 中的累计比例，则 IK_{ai} 可通过下列公式计算。

$$IK_{ai} = -a\sum_{j=1}^{K}\left(\frac{|D_j|}{|D|}\log_2\frac{|D_j|}{|D|}\right) \tag{3-35}$$

利用 IK_{ai} 可计算属性 a_i 的信息熵增率 P_{ai}，即：

$$P_{ai} = \frac{I_{ai}}{IK_{ai}} \tag{3-36}$$

式（3-35）和式（3-36）表明，若属性 a_i 的不同取值数越多，即 K 越大，则 IK_{ai} 越大，信息熵增率 P_{ai} 越小。因此，信息熵增率法对样本数据集 D 中属性 a_i 取值较少的属性具有一定的优先考虑。

在决策树模型创建流程中，可将属性值 a 设置为：

$$a = \arg\min_{ai \in A} P_{ai} \tag{3-37}$$

（3）基尼系数法

样本数据在某属性集合中的纯度也可以用基尼系数进行度量。利用上述符号定义，表示样本数据集 D 在属性集中纯度的基尼系数 Gini_D 可通过以下公式进行计算。

$$\text{Gini}_D = 1 - \sum_{i=i}^{L}\lambda_i^2 \tag{3-38}$$

下列公式可计算样本数据集 D 在属性 a_i 上的基尼系数 Gini_{Dai}：

$$\text{Gini}_{Dai} = \sum_{j=1}^{K}\left(\frac{|D_j|}{|D|}\text{Gini}_{Dj}\right) \tag{3-39}$$

由于基尼系数 Gini_{Dai} 反映了样本数据在属性 a_i 相同类别值上划分不一致的概率，因此尼基系数 Gini_{Dai} 越小越好，说明样本数据集 D 在属性 a_i 中的纯度越高。于是在决策树模型创建流程中，可将属性值 a 设置为：

$$a = \arg\min_{ai \in A} \text{Gini}_{Dai} \tag{3-40}$$

3.4.3 决策树模型的剪枝分析

决策树模型是通过剪枝操作来降低过拟合风险的。决策树模型在训练的过程中，为了将训练样本数据集 T 分枝好，参数属性集划分过程不断重复，造成决策树分枝过多，以致把训练样本数据集 T 自身的特性作为决策树的通用特性，从而造成模型的过拟合现象。想要降低这种现象带来的风险，可将决策树模型中某些分枝剪掉，这一过程称为决策树的剪枝。通常，决策者可采用预剪枝和后剪枝两种策略对决策树模型进行剪枝。

（1）预剪枝策略

所谓决策树模型的预剪枝，是指在决策树生成过程中，根据某种要求（一般是预测到了演绎误差偏大）提前将某个分枝剪掉，阻止该模型树沿着该分枝增长，并将该分枝的中间节点 node 设置为叶子节点。对于何时进行剪枝，通常根据以下几种情况来确定。

① 当决策树模型生长到中间节点 node 所包含样本数据量低于某阈值时，可进行预剪枝。

② 当决策模型分枝时，该分枝对决策树降低演绎误差的贡献低于某阈值时，可以进行预剪枝。

③ 当决策树模型沿分枝增长到阈值树高时，可以进行预剪枝，阻止其继续增长。

决策树模型预剪枝策略具有操作简单、方法直接和效率高等优点，比较适合生产规模较大的情况。然而，对于模型在何时进行剪枝，会随着生产规模变大而变得难以确定。

（2）后剪枝策略

所谓决策树模型的后剪枝，是指先完成决策树的生长过程，得到一棵完整的决策树，然后自底向上逐层地对决策树的中间节点 node 进行评估。如果将某中间节点 node 设置为叶子节点后可降低模型的演绎误差，则对其进行剪枝，正式将其设置为叶子节点。后剪枝策略相比预剪枝策略，可更好地降低决策树模型的演绎误差，但后剪枝策略需要先完成决策树的建立，因此需要更大的系统时间开销。目前常见的后剪枝策略有悲观错误剪枝法（Pessimistic Error Pruning，PEP）、降低错误剪枝法（Reduced Error Pruning，REP）、最小错误剪枝法（Minimum Error Pruning，MEP）、代价复杂度剪枝法（Cost Complexiy Pruning，CCP）、最优剪枝法（Optimal Pruning，OPP）和临界值剪枝法（Critical Value Pruning，CVP）等。

决策树模型的后剪枝策略具有优化调度可选择方案多、模型演绎误差低和过拟合风险小等优点；但缺点也比较明显，如模型训练开销大、剪枝过程需要自底向上逐层评估等。

3.5
工作流模型

3.5.1 Petri 网方法的定义

Petri 网建模方法是由德国专家 Carl Adam Petri 提出的，该模型最早主要应用在信息系统的研究领域，经过近些年的发展，Petri 网模型的数学基础已经相当严谨，并逐渐向各领域发展。Petri 网模型为系统的整体运作提供了有向图建模方法，并结合数学分析手段使模型的调度或转换更具科学性。Petri 网方法主要包括节点和有向边两部分，其中，节点根据其记录系统行为的性质又分为位置（Place）节点和过渡（Transition）节点。位置节点用来记录系统的各个实体，反映系统自身的运作情况；过渡节点用来表示系统各实体节点转换时应满足的规则，反映系统各实体之间的约束关系。从功能上看，位置节点是静态的，过渡节点是动态的。Petri 网方法的有向边表示各节点之间的偏序关系，即当满足一定条件后系统由某种节点状态转换到另外一种节点状态。

Petri 网方法模型中位置节点具有静态性，过渡节点具有动态性，因此 Petri 网方法模型应由两部分组成，即静态 Petri 网模型和动态 Petri 网模型。

（1）静态 Petri 网模型

静态 Petri 网模型可形式化为七元组，即 $SPG(P,T,L,Q,B_0,E_0)$，其中，SPG 为静态 Petri 网模型名称；P 为模型中所有位置节点构成的集合，

$P=(p_0,p_1,\cdots,p_n)$，$n \geqslant 0$；T 为模型中所有过渡节点构成的集合，$T=(t_0,t_1,\cdots,$ $t_m)$，$m \geqslant 0$；L 为模型中所有有向边构成的集合，$L=(l_0,l_1,\cdots,l_y)$，$y \geqslant 0$；Q 为模型中所有节点之间转换条件的量化权重值集合，$Q=(q_0,q_1,\cdots,q_z)$，$z \geqslant 0$；B_0 为 Petri 网模型初始状态节点集合；E_0 为 Petri 网模型结束状态节点集合。

静态 Petri 网模型各元组应遵循的约束如下。

① 位置节点集合 P 和过渡节点 T 均为有限集，满足 $P \cap T=\Phi$，并且 $P \cup T=$ 全集；

② 有向边集合 L 为有限集，且满足 $L \subseteq P×T \cup T×P$；

③ 量化权重值集合 Q 为有限集，任意元素 q_i 满足 $|q_i| \in [0，1]$，$0 \leqslant i$，且 $i \leqslant z$；

④ 集合 B_0 和 E_0 为有限集，反映系统初始和结束状态时各节点有向边和量化权重值的情况；

⑤ Petri 网模型中，若存在有向边 $l_{pt}(l_{pt} \in L)$ 使位置节点 $p(p \in P)$ 连接到过渡节点 $t(t \in T)$，则表示位置节点 p 与过渡节点 t 之间存在偏序流制约关系，此时的转换量化权重值为 $q(q \in Q)$，标注在有向边 l_{pt} 上。

一个典型的静态 Petri 网模型如图 3-3 所示。

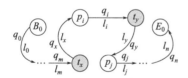

图 3-3　静态 Petri 网模型

（2）动态 Petri 网模型

动态 Petri 网模型是在静态 Pertri 网模型的基础上，研究各节点随着转换条件量化权重值的变化而相互转化的过程，可形式化为六元组，即 DPG(N,Q,dom,B_0,E_0)，其中，DPG 为动态 Petri 网模型名称；N 为模型中所有位置节点集合 P 和过渡节点集合 T 构成的状态空间；Q 为所有转换条件量化权重值集合，任意 $q_i(q_i \in Q) \leqslant 1$，任意元素构成一个条件值输入；$dom$ 为节点映射函数，属于 $N×Q \to N$ 的一个有限子集，若动态 Petri 网模型 DPG 处于状态 n（$n \in N$），且满足转换条件量化权重值 q（$q \in Q$），系统转化到状态 n'（$n' \in N$ 且 $n \neq n'$），这一过程可描述为 $dom(n,q)= n'$；$B_0 \subseteq N$ 是系统有限初始状态集，且 $B_0 \neq \phi$；$E_0 \subseteq N$ 是系统有限结束状态集，E_0 可为空集。

图 3-3 所对应的动态 Petri 模型可描述为 $DPG(N, Q, dom, B_0, E_0)$，其中，$N=\{B_0,\cdots,t_x,p_i,t_y,p_j,\cdots,E_0\}$；$Q=\{q_0,\cdots,q_m,q_x,q_i,q_y,q_j,\cdots,q_n\}$；$B_0=\{B_0\}$；$E_0=\{E_0\}$；部分映射 $dom : N \times Q \rightarrow Q$ 为，$dom(t_x,q_x)=p_i$，$dom(p_i,q_i)=t_y$，$dom(t_y,q_y)=p_j$。

3.5.2 Petri 网模型过渡节点识别规则分析

静态 Petri 网模型主要描述系统的静态特性，反映系统某时刻各参数的状态；动态 Petri 网模型主要描述系统的动态特性，反映系统某时刻各参数之间的转变过程。因此，Petri 网模型中过渡节点应遵循一定的识别规则。

（1）过渡节点使能触发开始规则

静态 Petri 网模型中的任意位置节点 $p_i(i=0,1,\cdots,n)$，当出现某一条件 $q_j(j=0,1,\cdots,m)$ 后，转变为某过渡节点 $t_k(k=0,1,\cdots,z)$，该规则可形式化为：

$$\begin{cases} \forall p_i \in P \\ \exists q_j \in Q \end{cases} \Rightarrow dom(p_i,q_j) = t_k; s.t.q_t = q_p \theta q_j \tag{3-41}$$

其中，θ 为某运算符，q_t 为过渡节点 t_k 上的量化权重值，q_p 为位置节点 p_i 上的量化权重值，识别过程如图 3-4 所示。

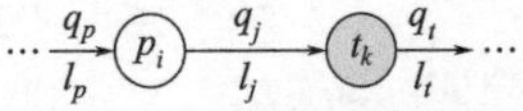

图 3-4　过渡节点使能触发开始规则识别过程

（2）过渡节点使能完成结果规则

动态 Petri 网模型中的任意过渡节点 $t_i(i=0,1,\cdots,m)$，当达到某一量化权重值 $q_j(j=0,1,\cdots,z)$ 后，转变为某稳定位置节点 $p_k(k=0,1,\cdots,y)$，该规则可形式化为：

$$\begin{cases} \forall t_i \in T \\ \exists q_j \in Q \end{cases} \Rightarrow dom(t_i, q_j) = p_k; s.t.q_p = \begin{cases} q_t \theta q_j, t_i \Rightarrow 1 \\ q_t^{*n} \theta q_j, t_i \Rightarrow n \end{cases} \qquad (3\text{-}42)$$

其中，θ 为某运算符，q_t 为过渡节点 t_i 上的量化权重值，q_t^{*n} 为过渡节点 t_i 经过多次修正后的量化权重值，q_p 为位置节点 p_k 上的量化权重值，识别过程如图 3-5 所示。

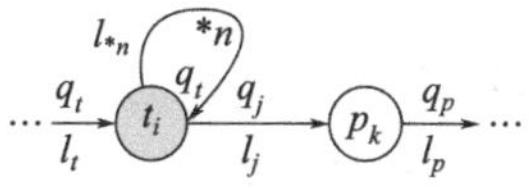

图 3-5　过渡节点使能完成结果规则识别过程

3.5.3　Petri 网方法的特点及性质分析

Petri 网模型使用有向图的方式对系统的运行进行建模，可直观地反映系统内部之间的制约关系，因此 Petri 网模型具有操作简单、数学保障能力强等多方面优势。在 Petri 网模型建立方面，目前主要有两种手段，分别是直接建模法和形式化建模法。直接建模法采用有向图方式直接建立符合系统要求且用户交互友好的图形模型；形式化建模法则将系统先建立成其他模型，然后间接地将该模型转换成 Petri 网的形式化描述。无论哪种方法建立的 Petri 网模型，都具有如下特点。

① 高度的仿真性。Petri 网方法是建立在对调度系统严格调研的基础上，因此可高度仿真调度系统的运行机理及管理方式，抓住系统的主要矛盾，去掉次要矛盾，建立科学的调度仿真模型。

② 科学的分析性。Petri 网模型具有严谨的数学基础，进一步结合了量化方法，可科学有效地分析调度系统的运作过程。

③ 合理的客观性。Petri 网模型应精确地表述调度系统中位置节点和过渡节点之间的制约关系，反映系统中客观存在的数据依赖。

④ 平衡的数据流动性。由于调度优化过程既包含信息流、资金流、物料流，又包含加工质量流、工艺数据流等，因此 Petri 网模型应动态平衡这些数据流，使调度过程更加合理。

⑤ 精准的行为描述性。使用 Petri 网模型描述调度过程，更具精准

性，这主要是因为 Petri 网采用图形的方式进行建模，在表述各节点之间制约关系方面具有独特的优势。

⑥ 交叉并行性。复杂调度系统存在大量的交叉并行执行过程，Petri 网模型可有效地对其进行描述，准确反映系统的这些现象。

使用直接建模法和形式化建模法建立的 Petri 网模型，一般具有以下一些性质。

① Petri 网模型具备有限性。Petri 网模型用于描述调度系统各环节优化的关系，因此位置节点集合 P 具有一定的界限，即 $|P| \leqslant \delta$，其所对应的动态过渡节点集合 T 也具有一定的界限，即 $|T| \leqslant \zeta$。由于集合 P 和集合 T 均具有有限性，因此整个 Petri 网模型 SPG 具备有限性，即 $|SPG| \leqslant \delta \times \zeta$。

② Petri 网模型具备连通性。在 Petri 网模型中，当满足某一条件量化权重值 $q_j(j=0,1,\cdots,m)$ 后，过渡节点 $t_i(i=0,1,\cdots,m)$ 可转变为某稳定位置节点 $p_k(k=0,1,\cdots,y)$；同理，当满足某一条件量化权重值 $q_j(j=0,1,\cdots,m)$ 后，位置节点 $p_i(i=0,1,\cdots,n)$ 可转变为某过渡节点 $t_k(k=0,1,\cdots,z)$。因此，若存在变化序列 $\alpha=p_0q_0p_1q_1\cdots p_{n-1}q_{n-1}$ 和 $\beta=t_1q_1t_2q_2\cdots t_nq_n$，使 $dom(p_0,q_0)=t_1,dom(t_1,q_1)=p_1,dom(p_1,q_1)=t_2,dom(t_2,q_2)=p_2,\cdots,dom(p_{n-1},q_{n-1})=t_n,dom(t_n,q_n)=p_n$，则任意位置节点 p_{n-1} 至过渡节点 t_n 是联通的，记为 $dom(\alpha)=t_n$；而任意过渡节点 t_n 至位置节点 p_n 也是联通的，记为 $dom(\beta)=p_n$。由于存在 $dom(\alpha)=t_n$ 和 $dom(\beta)=p_n$，所以 Petri 网模型具备整体连通性。

③ Petri 网模型具备保活性。在动态 Petri 网模型中，对于任意节点 $n_i \in N$，必然存在某条件量化权重值 $q_i \in Q$，使 $dom(n_i,q_i)=n_j \in N$，且 $n_i \neq n_j$，系统的这一性质称为保活性。Petri 网模型的保活性决定了系统每次都能转变到新的调度状态，不会产生死锁现象。因此，Petri 网模型始终是可调度优化的。

④ Petri 网模型具备可逆性。在动态 Petri 网模型中，对于任意节点 $n_i \in N$，必然存在某串条件量化权重值 $q_i,\cdots,q_j,\cdots,q_0 \in Q$，其中，$q_i$ 和 q_j 分别是节点 n_i 和 n_j 的量化权重值，n_i 是 n_j 的后续节点，使 $dom(\cdots dom(\cdots dom(n_i,1-q_i),1-q_j),1-q_0)=B_0 \in N$，系统的这一性质称为可逆性。Petri 网模型的可逆性确保了周期性和可重复性，可用逆向规约法进行优化调度。

3.5.4　工作流模型的定义、分类及基本结构

为优化调度固定流程，工作流管理联盟于 1993 年提出了工作流的概念。此概念将工作过程细分为任务、文档、数据、角色、约束及按同步时间顺序完成工作的控制执行，从而达到优化调度、提高工作效率的目的。工作流的应用领域不同，其基本含义也不尽相同。

① IBM Almaden 研究中心认为，工作流使用计算机建模技术来描述固定流程的优化过程，通过不断完善和优化配置参数达到提高工作效率的目的。

② Alonso 认为，工作流是描述工作过程中优化调度的核心部分，由活动任务、同步时序、数据流和跟踪报告机制组成，通过一系列调整规则达到提高工作效率的目的。

③ Georgakopoulos 认为，工作流将工作过程的各环节抽象为任务节点，通过定义各节点的转换条件及发生语序来完成数据间的传递，最终实现整个工作过程的优化调度。

④ 工作流管理联盟认为，工作流是解决非结构化和半结构化问题最有力的工具之一，它通过定义一系列任务节点来分解整个工作过程，并根据工作流程中所使用的文档、数据及工序依赖关系来制定识别规则，使工作流动态运行，达到监控和优化工作过程的目的。

综上所述，工作流是用来定义和优化具体业务流程的技术。企业通过每项具体的业务流程来实现整体的经营目标，然而每项具体的业务流程会消耗大量的企业资源，需要众多部门及人员参与，必定产生大量的控制流、资源流、数据流和任务流，工作流则对这些信息进行进一步描述和图形化建模，是更低级别的抽象概念。工作流为企业高层提供了更详细准确的工作过程，将企业各种经营业务中的任务流、资金流、资源流、数据流和控制流高度集成，并使用通俗易懂的图形化表现手段，为企业提供一套动态监控和优化调度的资源配置方案。因此，凡是能够为企业固定业务流程提供图形化建模并完成优化控制调度的技术都被定义为工作流。

根据应用领域的不同，工作流又分为管理型工作流 (Administrative

Workflow)、设定型工作流(Ad hoc Workflow)、协作型工作流(Collaborative Workflow)和生产型工作流(Production Workflow)四类。每类工作流的具体应用领域及特点如下。

① 管理型工作流。此类工作流主要应用在简单、可预测、可重复的协同规则流程业务中,工作流中的各任务可与用户进行交互,不支持复杂流程控制及多点应用。

② 设定型工作流。此类工作流主要应用在办公业务流程中,支持办公业务中的群件功能,可完成具有一定复杂度的协同控制,具体又分为特殊情况工作流和例外情况工作流。前者主要依赖应用领域的情况,后者主要依赖使用工作流的人员情况。

③ 协作型工作流。此类工作流主要应用于多用户参与的业务流程,支持多业务的协同调度功能。由于业务和参与用户过多,因此一般采用逆向规约的方式进行优化调度。

④ 生产型工作流。此类工作流主要应用于复杂、关键的生产型业务流程中,其复杂度与具体的生产领域密切相关,应用环境一般有具体异构、生产规模大、参与人员多等特点。

在具体的调度优化中,四类工作流之间既联系紧密又相互交叉,很难分清应用了哪一类,会出现界限模糊等现象。四类工作流之间的联系如图3-6所示。

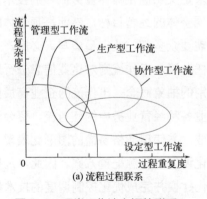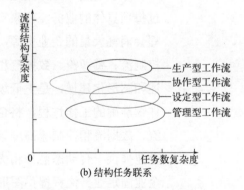

图3-6 四类工作流之间的联系

生产型工作流技术是根据生产调度相关工序、各部门常规生产数据（包括加工精度、加工成本、加工时间等）、采购交付订单文档（包括订单交付时间、总金额、总精度要求等）及各制造商评价等情况，完成整体调度过程优化的工作目标。在此过程中，生产型工作流的各个任务节点要充分考虑各类数据的选取对整体生产调度目标的影响。由于调度需求不同，工作流的优化和控制过程也不相同，但是将具体的调度需求按各自关注的特性进行抽象描述后，每种工作流的基本结构都大致相同，主要包括调度任务定义分析、调度过程优化控制和制造商评价三个阶段，各阶段主要工作及相互之间的关系如图 3-7 所示。

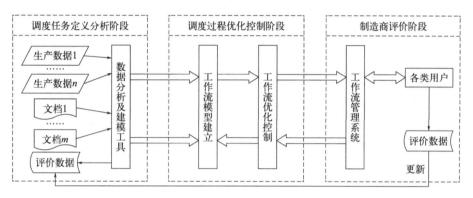

图 3-7　各阶段主要工作及相互之间的关系

① 调度任务定义分析阶段。该阶段主要完成模型建立前相关数据的收集工作，通过数据分析工具找到各数据之间的相互关联及制约关系，并根据调度指标进行初步建模，厘清各任务节点的工序。

② 调度过程优化控制阶段。该阶段会根据前一阶段的分析结果建立一个详细完整的工作流模型，完成模型的定义、规则识别等相关工作并进行优化，同时给出优化和控制方案。因此，该阶段是工作流优化过程的关键。

③ 制造商评价阶段。该阶段主要完成优化方案的实施，各类用户通过工作流管理系统提供的调度方案调整各自的供应过程，修改各自的相关参数，并将最新参数文档反馈给系统进行后续的优化工作。

生产型工作流技术是建立 Petri 网模型的关键，将该技术应用于数字孪生模型的优化调度中是十分科学和精准的，因此，它的相关定义既体现了 Pertri 网模型定义的继承性，又体现了制造过程自身的独特性。

① 生产型工作流模型。生产型工作流模型可形式化为五元组 AMSCM(SPG,H,C,W)，其中，AMSCM 是模型名称；SPG 为所对应的静态 Petri 网模型参数；H 为每项节点所用时间的集合，$H=(h_1,h_2,\cdots,h_i,\cdots,h_n)$；$C$ 为每项节点所用费用的集合，$C=(c_1,c_2,\cdots,c_i,\cdots,c_n)$；$W$ 为每项节点所达到生产质量的集合，$W=(w_1,w_2,\cdots,w_i,\cdots,w_n)$；$n$ 为 SPG 中的节点数。在具体生产过程中，集合 H、C、W 中任意分量 h_i、c_i、w_i 仍然是一个集合，且满足一定的制约关系，例如，完成节点 n_i 所用的时间、费用和生产质量是一个可选集合，但满足时间越长费用和生产质量越高的约束要求。

② 生产型工作流图。生产型工作流图是一个有向图 DG，可形式化为三元组 AMSCG(AMSCM,E)，其中，AMSCG 是工作流图名称；AMSCM 是工作流图所对应的工作流模型；E 是有向边集合，$E=(e_1,e_2,\cdots,e_i,\cdots,e_m)$，$m$ 为边的个数，集合 E 表示工作流模型中各任务节点之间的偏序关系。

③ 生产型工作流图加工节点的秩。生产型工作流图加工节点的秩是指触发各位置节点的过渡节点个数的集合，可表示为 $O=(o_1,o_2,\cdots,o_i,\cdots,o_n)$，其中 ,$n$ 为位置节点的个数。

④生产限制矢量。生产限制矢量是指生产的最终产品达到各项指标所满足的某种要求，可表示为 $R=(r_1,r_2,\cdots,r_n)$，例如，r_1 为生产工期限制，即完成生产不能超过的时间；r_2 为生产费用限制，即完成生产不能超过的总费用；r_i 为生产质量限制，即完成生产不能低于的质量。对于一般的生产过程，限制矢量 R 中各分量参数存在一定的制约关系。通常情况下，工期 r_1 越长，费用 r_2 越高，生产质量 r_i 越高。

3.5.5 工作流模型分析

工作流模型主要描述生产过程的静态特性，反映生产过程中所产生参数的情况；工作流图主要描述生产过程的动态特性，反映生产过程中各参数之间的转变过程。因此，工作流图应遵循一定的约束条件及识别规则。

（1）加工节点自由度识别规则

加工节点自由度可形式化为三元组 $ND_i[IMH_i,ALH_i]$，其中，ND_i 为自由度的名称，是一个区间值，表示加工节点 n_i 可选的执行时间段；IMH_i 为加工节点 n_i 可以执行的最早可选时间；ALH_i 为加工节点 n_i 可以执行的最晚可选时间；IMH_i 和 ALH_i 的工作流图将按照下列公式识别并计算：

$$\begin{cases} IMH_i = \max(\sum_{j=1}^{i-1} h_{jk}); 0 < k \leqslant o_i \\ ALH_i = \min(r_h - \sum_{j=i+1}^{n} h_{jk}); 0 < k \leqslant o_i \end{cases} \tag{3-43}$$

（2）生产参数约束识别规则

工作流图 AMSCG 中任意节点 n_i 执行后所对应的累积时间、累积费用及累积生产质量必须满足一定的商业要求才能进行后续工作，因此各节点 n_i 的累积生产参数将按照下列公式进行识别和计算：

$$\begin{cases} A_H = \sum \rho_{nk} h_{nk} \leqslant r_h \\ A_C = \sum \rho_{nk} c_{nk} \leqslant r_c \\ A_W = \prod \rho_{nk} w_{nk} \geqslant r_w \\ s.t. \sum_{k=1}^{o_n} \rho_{nk} = 1; n \in N; \rho_{nk} \in [0,1]; 0 < k \leqslant o_r \end{cases} \tag{3-44}$$

其中，A_H 为节点 n_i 的累积生产时间；A_C 为节点 n_i 的累积生产费用；A_W 为节点 n_i 的累积生产质量；r_h、r_c 和 r_w 分别为限制矢量 R 的工期限制分量、费用限制分量和质量限制分量；ρ_{nk} 为节点 n_i 触发条件的选择概率，属于区间 [0，1]。

生产调度要求各工业指标在限制矢量 R 内，以生产参数约束识别规则为目标，借助加工节点自由度识别规则，达到整体加工费用最低、生产质量最优的目的。

3.5.6 工作流模型生成算法 WMSA

生产型工作流模型 AMSCM 及其所对应的生产型工作流图 AMSCG 可比较直观地描述智能制造生产工艺中各工作节点及参数的变化过程，有效地为生产人员展示生产中各工艺的运行情况。根据以往的研究成果，结合企业制造的特点，生产型工作流调度建模算法 WSMA(Workflow Scheduling Modeling Algorithm) 的策略如下。

① 扫描制造企业的各个生产部门，将其抽象为位置节点集合 P；统计生产部门的各种工作状态，将其抽象为过渡节点集合 T。

② 检测集合 P 中各元素，根据实际情况确定开始节点 B_0 和结束节点 E_0。

③ 取出集合 P 中的开始节点 B_0，扫描过渡节点集合 T；若存在过渡节点 t_i 使开始节点 B_0 转变到位置节点 p_i，则将过渡节点 t_i 移出集合 T 并移入临时过渡节点集合 TT 中；标注节点 B_0 至过渡节点 t_i 的有向边 l_i、权 q_i、生产时间 h_i、费用成本 c_i 及生产质量 w_i，将标注的内容加入工作流模型 AMSCM 中，将开始节点 B_0 移出集合 P，重复这一过程直至在集合 T 中找不到这样的过渡节点 t_i。

④ 取出集合 TT 中的任意节点 t_i，扫描位置节点集合 P；若存在位置节点 p_j 使过渡节点 t_i 转变到过渡节点 $t_j(t_j \in T)$，则将位置节点 p_j 移出并移入临时位置节点集合 TP 中；标注过渡节点 t_i 至位置节点 p_j 的有向边 l_j、权 q_j、生产时间 h_j、费用成本 c_j 及生产质量 w_j，将标注内容加入工作流模型 AMSCM 中，将过渡节点 t_i 移出集合 TT，重复此过程直至集合 TT 为空。

⑤ 取出集合 TP 中的任意节点 p_i，扫描过渡节点集合 T；若存在过渡节点 t_j 使位置节点 p_i 转变到位置节点 $p_j(p_j \in P)$，则将过渡节点 t_j 移出集合 T 并移入集合 TT 中；标注位置节点 p_i 至过渡节点 t_j 的有向边 l_i、权 q_i、生产时间 h_i、费用成本 c_i 及生产质量 w_i，将标注的内容加入工作流模型 AMSCM 中，将位置节点 p_i 移出集合 TP，重复这一过程直至集合 TP 为空。

⑥ 重复步骤④和⑤，直至集合 T 和集合 P 为空，然后输出工作流

模型 AMSCM。

⑦ 扫描工作流模型 AMSCM，遍历任意相邻两个位置节点 p_i 至位置节点 $p_j(p_i \neq p_j)$ 的所有路径，将这些路径分别标记为有向边 e_{jk}，计算并标记这些有向边的总体生产时间 h_{jk}、费用成本 c_{jk} 及生产质量 w_{jk}，其中 $k=1,2,\cdots,o_{pj}$，将标记过程加入工作流图 AMSCG 中。

⑧ 重复步骤⑦，直至没有新的标记出现，输出工作流图 AMSCG。

根据上述策略，生产型工作流调度建模算法 WSMA 的伪代码如下：

输入：集合 P，集合 T，集合 Q，集合 H，集合 C，集合 W，集合 O；

输出：工作流模型 AMSCM，工作流图 AMSCG；

```
Scan(All) input P, T, Q, H, C, W, O;
for ( int i=0; i<= P.length; i++ )
    {
    if P.n[i]==begin_state then B[0]= P.n[i];
    if P.n[i]==end_state then E[0]= P.n[i]
    };
for ( int i=0; i<= T.length; i++ )
    if Transformation(B[0], T.t[i])== True then
        {
            Add T.t[i] to TT;
            Lable l[i]= Line(B[0] → T.t[i]);
            Lable q[i]= Power(B[0] → T.t[i]);
            Lable h[i]= Hour(B[0] → T.t[i]);
            Lable c[i]= Cost(B[0] → T.t[i]);
            Lable w[i]= Accuracy(B[0] → T.t[i]);
            Add (l[i], q[i], h[i], c[i], w[i]) to AMSCM;
            Delete T.t[i] from T
                };
Delete B[0] from P;
While (P <> Φ) or (T <> Φ) do
    {
        for ( int i=0; i<= TT.length; i++ )
        {
            t= TT.t[i];
            for ( int j=0; j<= P.length; j++ )
                if Transformation(t, P.n[j])== True then
                {
                    Add P.n[j] to TP;
```

```
                            Lable l[i]= Line(t → P.n[j]);
                            Lable q[i]= Power(t → P.n[j]);
                            Lable h[i]= Hour(t → P.n[j]);
                            Lable c[i]= Cost(t → P.n[j]);
                            Lable w[i]= Accuracy(t → P.n[j]);
                            Add (l[i], q[i], h[i], c[i], w[i]) to AMSCM;
                            Delete P.n[j] from P;
                            Delete TT.t[i] from TT
                                }
                    };
            for ( int i=0; i<= TP.length; i++ )
                {
                    n= TP.n[i];
                    for ( int j=0; j<= T.length; j++ )
                        if Transformation(n, T.t[j])== True then
                            {
                                Add T.t[j] to TT;
                                Lable l[i]= Line(n → T.t[j]);
                                Lable q[i]= Power(n → T.t[j]);
                                Lable h[i]= Hour(n → T.t[j]);
                                Lable c[i]= Cost(n → T.t[j]);
                                Lable w[i]= Accuracy(n → T.t[j]);
                                Add (l[i], q[i], h[i], c[i], w[i]) to AMSCM;
                                Delete T.t[j] from T;
                                Delete TP.n[i] from TP
                            }
                        }
            };
OutPut AMSCM; Scan(AMSCM) input P;
for ( int i=0; i<= P.length−1; i++ )
    for ( int j=i+1; j<= P.length; j++ )
        {
            if (P.n[j]−P.n[i])==1 then
                {
                    for ( int k=0; k<=o.P.n[j]; k++ )
                    Lable e[j,k]= Line(P.n[i] → T.t[k] → P.n[j]);
                    Lable h[j,k]= Hour(Σ(P.n[i] → T.t[k] → P.n[j]));
                    Lable c[j,k]= Cost(Σ(P.n[i] → T.t[k] → P.n[j]));
                    Lable w[j,k]= Accuracy( Π (P.n[i] → T.t[k] → P.n[j]));
                    Add (e[j,k], h[j,k], c[j,k], w[j,k]) to AMSCG
```

```
                }
            };
OutPut AMSCG;
```

经分析，算法 WSMA 的时间复杂度可达到 $O(n^3)$。

3.6

概率图模型

在有些情况下，可借助已有样本数据呈现的概率分布特点对系统未知环境下各变量的取值或状态变化规律进行一定的推测或估算，这种模型称为系统的概率模型。推断或预测的本质是利用系统已有样本数据所呈现的概率分布值，推测或估算未知变量或状态在该条件下的最优可能值。令集合 G 为未知变量或状态变化集，集合 D 为已有样本数据的变量或状态变化集，集合 O 为与系统不相关的其他变量或状态变化集，则概率模型的概率分布函数可形式化为 $P(G,D,O)$，推断或预测函数可形式化为 $P(G,O|D)$，推断或预测就是通过集合 D 的概率分布将概率模型的 $P(G,D,O)$ 或 $P(G,O|D)$ 转化为目标函数 $P(G|D)$。

概率图模型是求解概率模型的一种常用手段，它利用图的特性来表征概率模型中各变量或状态变化的概率分布特点，并进行求解，从而完成对概率模型的推断或预测过程。在概率图模型中，使用圆圈节点表示系统的一个变量或状态，使用边表示系统各变量或状态变化的关系，并在边上标注对应的概率值表示各变量或状态发生转变的概率分布。根据边是否有方向，可将概率图模型分为有向概率图模型和无向概率图模型，其中，有向概率图模型又称为贝叶斯网模型，无向概率图模型又称为马尔科夫网模型。若马尔科夫网模型为单向的，则称为半马尔科夫模型，显然半马尔科夫模型是一种简单的贝叶斯网模型。

3.6.1　半马尔科夫模型的定义

半马尔科夫模型是一种有向概率图模型，模型中的变量分为两种，一种是状态变量，另一种是数值变量。状态变量是半马尔科夫模型在某时刻所呈现的状态变化，数值变量则是该状态变化的具体呈现值。通常，生产工艺流程所对应的半马尔科夫模型有多个状态 s 变化（假设为 n 个，$n \geqslant 1$），且每个状态呈现出一个数值变量 v。因此，半马尔科夫模型的状态变量集合 S 可表示为 $S(s_1,s_2,\cdots,s_i,\cdots,s_n)$，数值变量集合 V 可表示为 $V(v_1,v_2,\cdots,v_i,\cdots,v_n)$，其中，$s_i$ 表示该模型在第 i 时刻的状态变量，v_i 表示该模型在第 i 时刻的数值变量，且有 $dom(s_i)=v_i$，dom 为函数输出。集合 S、集合 V 和函数输出 dom 之间的关系如图 3-8 所示，图中虚线箭头代表虚拟返回。

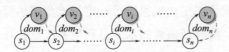

图 3-8　半马尔科夫模型各集合的关系

从图中可以发现，系统可以有 n 个不同的状态变量，每个状态变量可输出一个数值变量，由于数据变量的取值可以相同，因此半马尔科夫模型中数值变量的值域可表示为 $Q(q_1,q_2,\cdots,q_m)$，其中 $m \leqslant n$。半马尔科夫模型中的状态变量是依据有向边来反映它们之间工序的偏序关系；而在某个稳态时刻，数值变量的值是依据所对应的状态变量来确定的，与其他状态变量无关，即数值变量 v_i 的值只和状态变量 s_i 有关，状态变量 s_i 的变化只和状态变量 s_{i-1} 有关。因此，模型最终的累积概率为：

$$
\begin{cases}
P(s_1) = P(s_1 \mid s_0) \\
P(V,S) = \displaystyle\prod_{i=1}^{n} P(s_i \mid s_{i-1}) P(v_i \mid s_i)
\end{cases}
\tag{3-45}
$$

其中，模型最终的累积概率 $P(V,S)$ 涉及三个主要的概率参数，即状态变量 s 出现的概率 $P(S)$，各状态变量之间的转移概率 $P(s_i|s_{i-1})$，各状态变量 s_i 的输出数值变量 v_i 的值被选中的概率 $P(v_i|s_i)$。

状态变量 s 出现的概率 $P(S)$ 是指模型从哪个状态变量最先开始的，如果令 p_i 等于状态变量 s_i 在状态变量集合 S 中出现的概率，则 $P(S)=(p_1,p_2,\cdots,p_i,\cdots,p_n)$，其中 $1 \leqslant i \leqslant n$。

转移概率 $P(s_i|s_{i-1})$ 是指模型由状态变量 s_{i-1} 转移至状态变量 s_i 的概率。通常，转移概率 $P(s_i|s_{i-1})$ 用矩阵 $\boldsymbol{P}$ 表示：

$$\boldsymbol{P} = \begin{bmatrix} p_{11} & p_{12} & \cdots & p_{1j} & \cdots & p_{1n} \\ p_{21} & p_{22} & \cdots & p_{2j} & \cdots & p_{2n} \\ \cdots & \cdots & \cdots & \cdots & \cdots & \cdots \\ p_{i1} & p_{i2} & \cdots & p_{ij} & \cdots & p_{in} \\ \cdots & \cdots & \cdots & \cdots & \cdots & \cdots \\ p_{n1} & p_{n2} & \cdots & p_{nj} & \cdots & p_{nn} \end{bmatrix}_{n \times n} \tag{3-46}$$

若 $i=j$，则表示状态变量 s_i 转移至状态变量 s_j 一定成立，故 $p_{ij}=1$；若 $i \neq j$，且状态变量 s_j 可转移至状态变量 s_i，则 p_{ij} 表示转移的概率值，即 $p_{ij}=P(s_i|s_j)$；若 $i \neq j$，且状态变量 s_j 不可转移至状态变量 s_i，则 $p_{ij}=0$。

各状态变量 s_i 的输出数值变量 v_i 的值被选中的概率 $P(v_i|s_i)$ 是指模型在当前状态变量 s_i 下，输出的数值变量 v_i 的值 q_j 被选中的概率，其中 $q_j \in$ 值域 $Q(q_1,q_2,\cdots,q_m)$，$1 \leqslant j \leqslant m$。通常，可用输出数值变量值矩阵 $\boldsymbol{O}$ 表示：

$$\boldsymbol{O} = \begin{bmatrix} o_{11} & o_{12} & \cdots & o_{1j} & \cdots & o_{1m} \\ o_{21} & o_{22} & \cdots & o_{2j} & \cdots & o_{2m} \\ \cdots & \cdots & \cdots & \cdots & \cdots & \cdots \\ o_{i1} & o_{i2} & \cdots & o_{ij} & \cdots & o_{im} \\ \cdots & \cdots & \cdots & \cdots & \cdots & \cdots \\ o_{n1} & o_{n2} & \cdots & o_{nj} & \cdots & o_{nm} \end{bmatrix}_{n \times m} \tag{3-47}$$

其中，$1 \leqslant i \leqslant n$，$1 \leqslant j \leqslant m$；$o_{ij}$ 表示模型在状态变量 s_i 时，输出的数值变量 v_i 在值域 Q 中 q_j 被选中的概率，即 $o_{ij}=P(v_i=q_j|s_i)$。

根据以上描述，半马尔科夫模型生成算法 SMarkovM 的伪代码为：

输入：集合 S，集合 V，状态转移概率矩阵 $\boldsymbol{P}$，概率 $P(S)$，数值变量值矩阵 $\boldsymbol{O}$；

输出：半马尔科夫模型 SMKM；

```
Input(P,O,P(S),S,V);
Scan(P(S),S);
OutPut(s[1]);
```

```
for (int i=1; i<=n−1; i++ )
   {
   S=S-s[i];
   Scan(O,s[i],V);
   OutPut(q);
   v[i]=q;
   V=V−v[i];
   Scan(P,s[i],S);
   OutPut(s[i+1]);
   Add(Bulid_line(s[i],v[i])) to SMKM;
   Add(Bulid_line(s[i],s[i+1])) to SMKM;
   Add(Bulid_vline(v[i],s[i+1])) to SMKM;
   };
v[n]=V;
Add(Bulid_line(s[n],v[n])) to SMKM;
Add(Bulid_vline(v[n],s[n])) to SMKM;
OutPut(SMKM);
```

经分析，算法 SMarkovM 的时间复杂度可达到 $O(n^2)$。

3.6.2 半马尔科夫模型分析

半马尔科夫模型中涉及的变量集合比较多，各集合中变量出现的概率可根据前驱变量的概率值进行推断或预测。在半马尔科夫模型中，根据前驱变量的概率值推断或预测后续变量出现的概率值过程被称为变量的累积推断或累积预测。为较好地实现对半马尔科夫模型某变量的累积推断，可借鉴最大后验概率计算方法。将半马尔科夫模型中的状态变量集 S 分为不相交的两个状态变量子集 S_1 和 S_2，状态变量的累积推断可定义为计算变量集合 S_1 条件下集合 S_2 的概率，即 $P(S_2|S_1)$。根据最大后验概率计算方法，$P(S_2|S_1)$ 可通过以下公式进行计算：

$$P(S_2|S_1) = \frac{P(S_1,S_2)}{P(S_1)} = \frac{P(S_1,S_2)}{\sum\limits_{S_2} P(S_1,S_2)} \tag{3-48}$$

其中，$P(S_1,S_2)$ 是集合 S_1 和 S_2 的联合概率，可通过公式（3-45）进行计算，因此概率 $P(S_1) = \sum\limits_{S_2} P(S_1,S_2)$ 为公式（3-48）求解的关键。$P(S_1)$ 的求解，通常采用变量消减法进行。

假设某半马尔科夫模型各状态变量的偏序关系如图 3-9 所示。

图 3-9　某半马尔科夫模型各状态变量的偏序关系

为计算状态变量 s_5 的累积推断概率 $P(s_5)$，可通过加法消减状态变量 s_1、s_2、s_3、s_4。因此，可将该模型的状态变量分为两个子集 S_1 和 S_2。令集合 $S_1=\{s_5\}$，$S_2=\{s_1,s_2,s_3,s_4\}$，则：

$$
\begin{aligned}
P(s_5) &= \sum_{\{s_1,s_2,s_3,s_4\}} P(s_1,s_2,s_3,s_4,s_5) \\
&= \sum_{s_4}\sum_{s_3}\sum_{s_2}\sum_{s_1} P(s_1)P(s_2\,|\,s_1)P(s_3\,|\,s_2)P(s_4\,|\,s_3)P(s_5\,|\,s_3)
\end{aligned}
\tag{3-49}
$$

若将集合 S_2 中各状态变量的概率采用顺序加方式进行计算，则公式（3-49）可转化为：

$$
P(s_5) = \sum_{\{s_3\}} P(s_5\,|\,s_3)\sum_{\{s_4\}} P(s_4\,|\,s_3)\sum_{\{s_2\}} P(s_3\,|\,s_2)\sum_{\{s_1\}} P(s_1)P(s_2\,|\,s_1)
\tag{3-50}
$$

用 $f_{ij}(s_j)$ 表示公式（3-50）求解过程中的局部结果，其中 i 表示对状态变量 s_i 的累积求加，j 表示该局部结果的其余状态变量 s_j，则公式（3-50）可转变为：

$$
P(s_5) = \sum_{\{s_3\}} P(s_5\,|\,s_3)\sum_{\{s_4\}} P(s_4\,|\,s_3)\sum_{\{s_2\}} P(s_3\,|\,s_2)f_{12}(s_2)
\tag{3-51}
$$

由于局部结果 $f_{ij}(s_j)$ 是关于状态变量 s_j 的函数，值与状态变量 s_i 无关，可将其变为状态变量 s_i 所对应函数 $f_{ki}(s_i)$ 的某一常数。将该常数吸收并反复进行迭代，则公式（3-51）可转变为：

$$
\begin{aligned}
P(s_5) &= \sum_{\{s_3\}} P(s_5\,|\,s_3)\sum_{\{s_4\}} P(s_4\,|\,s_3)\sum_{\{s_2\}} P(s_3\,|\,s_2)f_{12}(s_2) \\
&= \sum_{\{s_3\}} P(s_5\,|\,s_3)\sum_{\{s_4\}} P(s_4\,|\,s_3)f_{23}(s_3) \\
&= \sum_{\{s_3\}} P(s_5\,|\,s_3)f_{43}(s_3)f_{23}(s_3) = f_{35}(s_5)
\end{aligned}
\tag{3-52}
$$

因此可以看出，累积推断概率 $P(s_5)$ 是状态变量 s_5 的函数，其值仅

与状态变量 s_5 的取值 v_5 有关。

半马尔科夫模型的变量消减法具有简单、易实现等优点，但计算过程存在迭代计算，因此在实际应用中可能会出现重复计算的现象，还需要进一步改进。

本章小结

本章主要介绍了数字孪生下智能制造所涉及的一些建模技术，包括线性模型、决策树模型、工作流模型和概率图模型等，以及这些模型的基本定义、构建算法及模型分析等问题，为后续智能制造系统的数字孪生建模做好算法理论铺垫工作。

智能制造系统的
数字孪生技术

建模、优化
及故障诊断

Chapter

4

智能制造系统数字孪生的典型优化问题

本章主要介绍智能制造系统在利用数字孪生模型进行优化时需要考虑的一般性问题，包括 3D 可视化模型的构建问题、优化模型的描述问题和模型可能存在的优化问题等。处理好这些问题，对于智能制造系统数字孪生模型的精确构建和求解起到至关重要的作用。

4.1
3D 可视化智能制造数字孪生体的构建问题

4.1.1 数字孪生模型组建的一般步骤

这里以某汽车制造企业的车身加工车间为例，介绍数字孪生模型组建的一般步骤。根据数字孪生模型构建的六维模型及该车间加工的特点，将车身制造所对应数字孪生模型的组建分为五个部分，各部分的关系如图 4-1 所示。

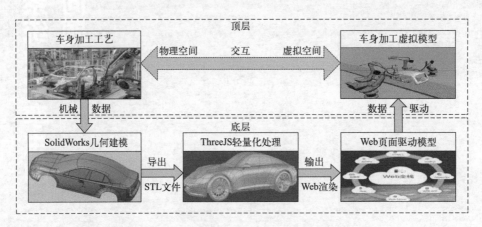

图 4-1　车身加工数字孪生模型的组建

该模型总体分为两层，分别是顶层和底层。顶层用于显示数字孪生整体框架所涉及的物理空间和虚拟空间，反映两个空间的数据交互。底层负责对顶层模块提供技术支持，通常分为几何模型建模、模型轻量化处理、数据驱动等部分。

4.1.2 某数字孪生模型相关平台的搭建

为了更好地实现车身加工数字孪生模型虚实空间的数据交互，模型底层需要借助三项技术，其中，几何建模和轻量化处理技术是关键，这里分别使用了 SolidWorks 软件和 ThreeJS 软件。

（1）SolidWorks 几何建模软件

SolidWorks 是由法国达索系统旗下的子公司于 1995 年设计开发的一款软件，主要用于三维机械制造模型的仿真设计。SolidWorks 软件的目标是让智能制造工程师快速、方便地建立 CAD/CAE/CAM/PDM 系统。目前，已有 140 多个国家或地区使用 SolidWorks 软件，它也是世界上最早的一款基于 Windows 平台的几何建模软件。SolidWorks 软件具有良好的用户操作界面，可提供丰富的零件库，并支持文件共享和团队协作等技术。因此，SolidWorks 软件得到了广大科研工作者的青睐，广泛应用于机械工程、土木建筑和数字孪生等领域。

（2）ThreeJS 数字孪生支撑软件

ThreeJS 是一款著名的数字孪生数据可视化支持软件，提供 WebGL 封装运行的三维引擎，可自由实现各类 3D 数字孪生模型的轻量级开发。目前，ThreeJS 软件也是国内资料最多的一套开源免费的软件。车身加工数字孪生模型在 ThreeJS 软件中的主要模块结构如图 4-2 所示。

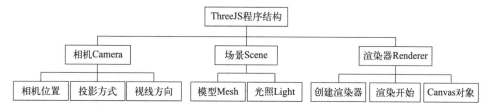

图 4-2　模型的整体架构

为了更好地与其他模型仿真软件所形成的文件兼容，ThreeJS 提供了许多文件加载器，如图 4-3 所示。通过这些加载器，工程师可快速、高效率地将模型文件加载到 ThreeJS 软件中，完成轻量化渲染。

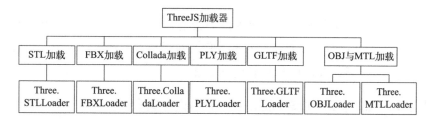

图 4-3　ThreeJS 加载器

其他建模软件所创建的各类模型文件的内容不同，可对应 ThreeJS 软件不同类型的加载方式。ThreeJS 软件的 STL 加载器可通过 Three.STLLoader 函数将 STL 类型的模型加载到 ThreeJS 软件中。STL 类型只提供几何体模型的对象信息，不包含材质信息。ThreeJS 软件的 FBX 加载器可通过 Three.FBXLoader 函数与 Maya、3DMax 和 Softimage 等软件进行模型、动作、材质及相机之间的信息传递。ThreeJS 软件的 Collada 加载器可通过 Three.ColladaLoader 函数将后缀为 .dea 的模型文件加载到 ThreeJS 软件中。该类型文件是一种基于 XML 格式的便于各应用程序之间进行数据传输的形式。相对于 FBX 加载器，Collada 加载器具有灵活的模型载入方式，但操作相对复杂。ThreeJS 软件的 GLTF 加载器可通过 Three.GLTFLoader 函数将 3D 工业模型加载到 ThreeJS 软件中。GLTF 格式可有效减少现有 3D 模型中与渲染无关的一些数据，达到降低模型冗余的目的。此外，该格式也是 ThreeJS 软件官方推荐的一种类型，在 3D 模型的 Web 渲染效果等方面具有独特的优势。ThreeJS 软件的 OBJ 与 MTL 加载器可通过 Three. OBJLoader 函数将工作站 3D 建模联合 Advanced Visualizer 动画软件开发的模型加载到 ThreeJS 软件中，从而实现 3D 软件模型之间的相互加载。OBJ 类型可直接利用写字板进行编辑，不能嵌入动画、材质特性等信息，因此通常该类型文件会伴随一个 MTL 格式的材质文件，材质文件的加载需要使用 Three.MTLLoader 函数。

综上所述，将 SolidWorks 软件和 ThreeJS 软件相互融合，可实现数字孪生物理空间设备与虚拟空间模型的连接，从而发挥数字孪生技术的优势，降低生产成本，提高智能制造的生产效率。

4.1.3 3D 可视化数字孪生体场景搭建

3D 可视化数字孪生体场景搭建的关键是做好模型建立和轻量化处理。以汽车车身制造车间为例，场景搭建工作可细分为 SolidWorks 软件建模和 ThreeJS 软件轻量化处理。

4.1.3.1 汽车车身制造车间SolidWorks软件建模

汽车车身制造总体流程为：原材料经过冲压后形成冲压产品即车

身，合格的车身进入车身制造车间进行焊装加工。焊装加工主要完成对车身及门盖的进一步焊接，包括车身与底板的焊接、车身集成焊接、车身侧边焊接、车身与顶盖焊接、门盖焊接、车身集成调整和总成等工序，它们之间的关系如图 4-4 所示。

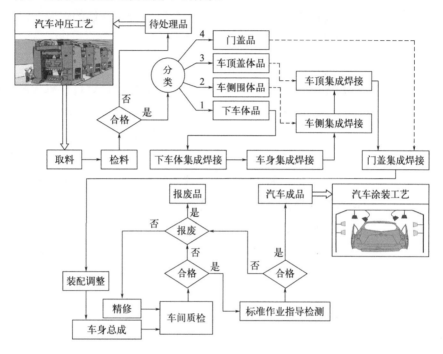

图 4-4 汽车制造焊装加工

车身制造车间对产品的基本要求是确保焊接质量，可通过排查每个焊接点来确定焊接的可靠性，检查是否发生了虚焊、漏焊等质量问题；同时还可通过抽检车身的方式来判断整批产品的焊接情况，评估焊装工艺的优劣。此外，车身制造车间还应通过以下操作来进一步确保焊装后产品的质量。

（1）焊装自检与互检

冲压产品焊装时要进行线上检测，若发现冲压问题，则进行线上返修，退回冲压车间；若不能进行线上返修，则将冲压产品下线，待线下安排返修。每条生产线在开始工作之前要进行互相检测，以免让问题产品进入生产线。

（2）设备检测

焊装生产线开工之前，操作人员要进行检测，以免焊装时发生设备故障。检测内容包括电压及电流是否正常、各信号灯是否正常等。

（3）产品抽检

车身制造车间的每个班组要随时抽查生产线的焊装产品，确保整批产品的质量。

（4）焊装工艺参数检测

根据焊装工艺要求，焊装工程师要对设备进行参数检测，以确保焊装的精度。同时，还要对焊装后的车门盖扭矩、三维坐标等参数进行检测，以免出现车身变位、扭矩不正等质量问题。

（5）质检员检测

车身制造车间应安排专门的质检员，对焊装后的车身进行抽检，评定该批车身是否合格，若不合格，要及时溯源。

（6）返修品复查

对于质检不合格的焊装产品，应进行返工。再次焊装后应进行复查，若复查仍不合格，则放置在废品区等待处理；若复查后合格，则进入下一工序车间。

汽车车身制造车间的实景如图 4-5 所示。

图 4-5　汽车车身制造车间

基于车身生产设备及焊装工艺流程，可获得各生产设备的物理参数，包括车身的尺寸、颜色、属性等。然后将这些参数输入 SolidWorks 软件，利用软件的相关工具按比例创建几何模型，如图 4-6 所示。将该模型文件导出，形成后缀名为 .STL 的数据文件。

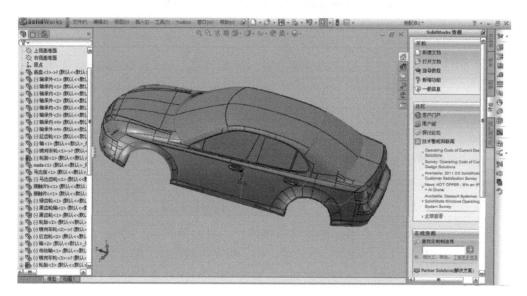

图 4-6　车身加工几何模型

4.1.3.2　模型的ThreeJS软件轻量化处理

使用 ThreeJS 软件对模型进行轻量化处理主要涉及两大步骤，即加载模型文件和设置场景、相机与控制器。

（1）在 ThreeJS 中加载模型文件

将 SolidWorks 软件形成的后缀名为 .STL 的数据文件通过 STL 加载器并利用 Three.STLLoader 函数导入 ThreeJS 软件中，用到的主要代码如下：

```
import {STLLoader} from "three/examples/jsm/loaders/STLLoader";
var loader = new THREE.STLLoader();
loader.load('../js/stl/3DCarModel.stl',function (stl){};);
```

车身制造车间涉及很多生产设备及相关生产工艺，创建的 3D 模型文件也有很多，为便于统一管理，可以事先创建一个 Loader 类。导入相应模型文件时只需调用该 Loader 类即可，创建 Loader 类的核心代码如下：

```
export default class Loader {
private loader = new STLLoader();
private load(url:string,func:(object:THREE.Group) => void) {
this.loader.load(url,(obj) => func(obj));
};
```

由于需要加载的模型众多，需要对建立的 Loader 类进行优化。若不对其进行优化，用户打开 Web 页面查看模型时就会出现页面卡顿的现象，从而影响数字孪生整体运行的性能。优化 Loader 类主要从两方面进行：一是不重复加载相同的模型文件，若必须加载，可通过 ThreeJS 软件的 clone 方法将其复制后再使用；二是在 Loader 类中增加缓存队列，将需要加载的模型文件依次放入该队列中。

（2）在 ThreeJS 中设置场景、相机和控制器

模型导入后，需要将其发布到相应的网页上。为此，要在 ThreeJS 软件中设置好场景、渲染器、相机和控制器这几个核心类。

① 场景。场景对象 Scene 来自 Object3D 对象，也是 ThreeJS 软件的核心对象。场景对象同其他元素一样也是一个 3D 几何体，可将多个加载好的模型加入该场景对象中。将加载了各模型的场景，配上相机、灯光等元素的渲染，即可呈现给最终用户。创建主场景对象 Mainscene 的核心代码如下：

```
var Mainscene = new THREE.Scene();
var 3D_scene = new THREE.BoxGeometry(200,200,200);
var 3D_material = new THREE.MeshLambertMaterial({color:0x00ff00});
var 3D_mesh = new THREE.Mesh(3D_scene,3D_material);
Mainscene.add(3D_mesh);
Mainscene.remove(3D_mesh);
```

为便于统一管理，在实际应用中同样要创建一个类 Mainscene。

② 渲染器。为了将导入的模型发布到相应网页上，可利用 ThreeJS 软件的 WebGLRenderer 渲染器。具体的方法是，将该渲染器下的 domElement 添加到 body 中，从而实现模型的发布。这里所涉及的核心

代码如下：

```
var 3Drenderer = new THREE.WebGLRenderer();
var 3D width = window.innerWidth;
var 3D height = window.innerHeight;
3Drenderer.setSize(3Dwidth, 3Dheight);
3Drenderer.setClearColor(0xb9d3ff,1);
document.body.appendChild(3Drenderer.domElement);
3Drenderer.render(Mainscene,3Dcamera);
```

同样，为便于管理，需创建一个统一类 Class，各属性参数可根据需要灵活设置。

③ 相机。相机是最终用户实时观测所发布模型的角度和方式，相当于用户的眼睛。ThreeJS 软件提供了多种相机投影方式，其中，使用最多的是透视相机，它也是 3D 模型渲染器常采用的一种。创建透视相机类的核心代码如下：

```
export default class 3Dcamera {
3Dcamera:THREE.PerspectiveCamera;
constructor(){
this.camera=new;
THREE.PerspectiveCamera(50,window.innerWidth/window.innerHeight,0.1,2000);
this.3Dcamera.position.set(0,0,200);
this.3Dcamera.lookAt(0,0,0);
window.onresize = this.onWindowResize;}
onWindowResize =()=> {
this.3Dcamera.aspect = window.innerWidth/window.innerHeight;
this.3Dcamera.updateProjectionMatrix();
}
}
```

通过透视相机类的创建，可将加载的 3D 模型发布到 2D 网页上。

④ 控制器。ThreeJS 软件的控制器可为用户提供简单的模型操作功能，如翻转、平移和缩放等。ThreeJS 软件有多种类型的控制器，其中轨道控制器使用得最多，用户可围绕模型的某点将其旋转，达到全方位地观察模型。轨道控制器 OrbitControls 的封装类核心代码如下：

```
import { OrbitControls } from 'three/examples/jsm/controls/OrbitControls';
```

```
export default class 3Dcontrols {
3Dcontrols:Orbitcontrols;
constructor(3Dcamera:THREE.Camera,3Ddom:HTMLElement) {
this.3Dcontrols=new OrbitControls(3Dcamera,3Ddom);
this.3Dcontrols.enableDamping=true;
this.3Dcontrols.enablePan=true;
this.3Dcontrols.minDistance=0.01;
this.3Dcontrols.maxDistance=100000;
this.3Dcontrols.maxPolarAngle=Math.PI/2;
}
}
```

至此，就完成了模型的轻量化处理。

4.2
数字孪生优化模型描述的相关问题

4.2.1　离散事件动态系统的问题

离散事件动态系统（Discrete Event Dynamic System,DEDS）是一个新兴学科，研究人与系统之间在一系列复杂规则下的系统科学与控制理论。不同于传统的动力学系统，DEDS 内各元素之间的演化不能使用确定的物理或相关自然科学规律来进行描述，它的演化要考虑人为定义的一系列复杂约束。企业智能制造属于离散事件动态系统的一种，对其进行建模，要考虑 DEDS 呈现的各类特点和问题。

DEDS 系统除了具有离散性和随机性之外，还具有以下两方面特点。

（1）存在状态集合和事件驱动集合

在离散事件动态系统中，存在大量且有限个系统转换状态，这些状态反映了系统在不同事件下的转换。因此，每个离散事件动态系统都存在状态集合和事件驱动集合。状态集合中的各状态可用某种符号进行表示，这些符号的种类比较多，可根据需要选择数字、文字或者是程序判断语句。若离散事件动态系统的状态集合是有限集，则可对集合中各状态进行编号，从而构成有限状态集。离散事件动态系统中各状态之间可以转换，但转换需要由某种条件进行触发，触发后状态转移并形成一定的系统输出，这一过程称为事件驱动，所对应的集合称为事件驱动集合。将状态集合及事件驱动集合使用边进行连接，即形成状态转换图，可形象地反映 DEDS 的整体变化情况。在状态转换图中，事件的驱动一般是异步且并行发生的，之间的转换存在一定的约束关系；系统每次运行只能实现一种可能的转移，这些转移线路构成了系统转移路径。因此，DEDS 的每次运行只体现一条状态转移路径。

（2）具有固有时间和活动事件

在 DEDS 系统状态转换图中，每个状态的执行都会持续一定的时间，这个时间称为状态的固有时间。DEDS 具有一定的离散性，因此这些固有时间也呈现一定的离散性。状态的转换是由某种条件触发的，而触发的过程又是瞬时的，因此可忽略瞬时触发时间。DEDS 系统是为了完成某一最终目标而运行的，在运行期间存在着某些活动，这些活动共同推动着 DEDS 系统各状态相互转换。某个活动的结束会引起下一个活动的开始，引起某一活动开始的事件称为原始事件，其他制约活动运行的事件称为条件事件。DEDS 系统是在原始事件、条件事件和活动固有时间等因素下进行状态转换，最终实现既定的执行任务。

由于离散事件动态系统是一个新兴学科，因此对其的定义目前缺乏统一的共识。综合现有的研究资料，可将离散事件动态系统 DEDS 定义为由一组事件驱动的、突发的、异步执行的离散活动所对应的状态转换动态系统。目前，DEDS 系统研究的内容主要围绕着系统的建模，较为成熟的研究模型主要有三种，即时间层次模型、逻辑层次模型和统计性能层次模型。

（1）时间层次模型

该模型主要依据时间维度对 DEDS 系统进行建模，建模过程中暂时不考虑活动事件及转换的逻辑关系。时间层次模型的主要研究方法是双子代数（Dioid Algebra）。融合双子代数和 Petri 网技术，可建立计时 Petri 网的时间层次模型，该模型常用于 DEDS 系统的分析优化过程中。

（2）逻辑层次模型

该模型主要以系统状态和活动事件之间的逻辑关系为基础，研究转换时各状态的固定时间和活动事件。逻辑层次模型研究的是一种确定性 DEDS 系统，在建立了状态转换图后，定量与定性地分析该图的转换路径，从而达到分析整个 DEDS 系统的目的。逻辑层次模型主要的研究方法有形式语言 / 有限自动机法和 Petri 网分析法等。

（3）统计性能层次模型

该模型根据 DEDS 系统中各状态转换的性能统计结果进行建模和分析，试图找到整体性能最优的一种转换方式。统计性能层次模型的主要研究方法是马尔科夫分析法、排队论方法和扰动分析法等随机理论方法。该模型最早应用于随机服务系统研究工作中，目前也被广泛应用在 DEDS 系统的分析过程中。

通过 DEDS 系统的三种研究模型可以发现，该系统的理论研究方法主要有双子代数法、Petri 网模型法、形式语言 / 有限自动机法、马尔科夫分析法、排队论方法和扰动分析法等，这里重点介绍以下方法。

（1）双子代数法

双子代数法是指具有两种运算即加法运算和乘法运算的一种代数法。双子代数法的加法运算通常使用符号 $\oplus$，满足结合律、交换律和幂等律等特性；乘法运算通常使用符号 $\otimes$，满足结合律和分配律等特性。在双子代数法中，仍然存在零元和单位元，且零元对于乘法运算具有吸收特性。由于完整的双子代数法具有很多特性，满足时间域和事件域对系统描述和控制的要求，因此双子代数法被广泛应用于 DEDS 系统模型分析中，是 DEDS 系统的理论基础。

（2）形式语言 / 有限自动机法

由于 DEDS 系统所呈现的是离散性、随机性、有限状态集合和有限驱动事件集合等，因此将形式语言 / 有限自动机法应用在 DEDS 系统的建模和分析中再合适不过了。一个形式语言 / 有限自动机可定义为五元组，即非空有限状态空间 $Sspace$、非空有限输入字母表 Σ、多值映射 Map、非空初始状态集 S 和终止状态集 E。形式语言 / 有限自动机可根据非空有限输入字母表 Σ，通过对应的多值映射 Map，将系统从非空初

始状态集 *S* 经过若干有限次非空有限状态空间 *Sspace* 转换最终达到终止状态集 *E*。该方法以独特的优势被广泛应用于离散事件动态系统的建模分析中，但随着系统复杂度和规模的增加，计算的工作量指数也会增加。因此，形式语言 / 有限自动机法适合于小规模的 DEDS 系统。

（3）排队论法

排队论也称为随机服务系统理论，通过统计分析服务对象，找出某些数量指标的一般规律，然后根据这些规律重组服务对象，达到最优服务的目的。在排队论方法中，可定义 *X/Y/Z/A/B/C* 这几个参数，其中，*X* 表示服务对象相继到达的间隔时间分布；*Y* 表示服务时间的分布，满足概率统计要求；*Z* 表示服务台个数；*A* 表示系统容量限制；*B* 表示服务对象数目；*C* 表示服务规则。排队论通过研究这些参数之间的变换规律，达到最优配置的目的。根据 DEDS 系统的特点，将排队论中的参数适当修改，即可开发出适合于 DEDS 系统建模和分析的排队论方法。当然，该方法只适合 DEDS 系统的描述和粗略分析，不能用于对 DEDS 系统的控制。

（4）扰动分析法

扰动分析法是通过分析各扰动因素在系统中转换和由此导致系统最终变化的概率，达到寻找系统参数优化方向的目的。由于扰动分析法融合了仿真法和理论分析法的优点，因此被广泛地应用在 DEDS 系统的建模分析中。当然，由于该方法提出的时间较晚，目前仍处在进一步完善的过程中。

4.2.2 常见的描述方法

智能制造系统的数字孪生建模非常关键，一个优秀的模型描述方法对模型的建立起到了至关重要的作用。因此，这里介绍一些智能制造系统常用的描述方法。

4.2.2.1 IDEF系列描述法

IDEF 系列描述法是 1981 年美国空军为更好地对计算机辅助制造中的复杂工程进行分析和设计而提出的一系列方法，该方法的基础是结构化分析法，英文全称为 ICAM DEFinition method。早期的 IDEF 系列方法主要包括三种描述模型，分别是 IDEF0、IDEF1x 和 IDEF2。

其中，IDEF0 描述法给出了系统的功能模型，描述了系统整体功能活动和各活动之间的联系；IDEF1x 描述法给出了系统的信息模型，描述了系统中各信息交换时约定的结构和含义，模型的组成构件是实体、属性和联系；IDEF2 描述法给出了系统的动态模型，可清楚地描述系统在不同时间变化下的状态转换，并对系统的整体运行情况进行描述。随着技术的发展，美国 KBSI 公司将 IDEF 系列描述法进一步丰富，形成了一整套描述法，即 IDEF0 至 IDEF14，表 4-1 列举了各描述法的具体功能。

表4-1　IDEF系列描述法的具体功能

IDEF 系列	模型名称	功能描述
IDEF0	功能模型	系统的整体功能活动和各活动之间的联系
IDEF1	信息模型	系统中各信息交换时约定的结构和含义
IDEF2	动态模型	系统在不同时间变化下的状态转换
IDEF3	过程模型	为系统收集并记录运行的过程提供某种机制
IDEF4	面向对象模型	将面向对象技术引入系统的描述过程
IDEF5	本体模型	将系统模型标准化
IDEF6	设计模型	将系统的设计原理化
IDEF7	审定模型	将系统中的信息系统进行审定
IDEF8	界面模型	给出系统整体运行时用户界面的描述
IDEF9	场景驱动模型	给出系统场景驱动信息方面的描述
IDEF10	体系结构模型	给出系统所采用体系结构的描述
IDEF11	制品模型	给出系统信息制品方面的描述
IDEF12	组织模型	给出系统整体组织方式的描述
IDEF13	模式映射模型	给出系统三模式映射的描述
IDEF14	网络规划模型	给出系统所使用网络规划的描述

IDEF 系列描述方法的优势是，描述全面且分类清晰，用户可根据需要选择子描述方法中的一个或几个。但该描述方法各子方法之间缺少统一接口，从而导致所描述的各模型出现衔接不当等问题。

4.2.2.2　面向对象的I$_2$DEF描述法

面向对象的 I$_2$DEF 描述法是在 IDEF 系列描述法的基础上发展起来的，它综合了 IDEF0、IDEF1、IDEF2 和 IDEF4 描述方法的优点；同时避免了 IDEF0、IDEF1 和 IDEF2 等描述法的缺点，即描述法之间交互性差、功能界定不清晰、缺乏建模指南等。I_2DEF 描述法的英文全称是 Integrated IDEF，它以面向对象模型 IDEF4 为基础，有效地引入了 CIM-OSA、OMT、IDEF0、IDEF1 和 IDEF2 等思想，形成了一套更为完善的系统功能描述方法，其引入关系如图 4-7 所示。面向对象的 I_2DEF 描述法分为三个主要模型，即结构模型、动态模型和功能模型，其中，结构模型给出系统的整体逻辑结构，主要以分解树和构件图的描述形式展示给用户；动态模型给出系统实际运行时的运行序列，主要以事件流程图的描述形式展示给用户；功能模型给出系统整体功能的描述，主要以数据流程图的描述形式展示给用户。

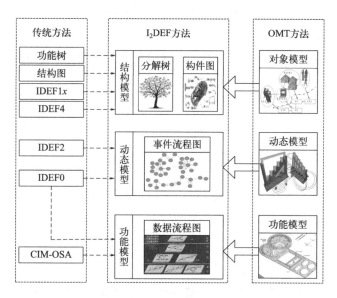

图 4-7　I_2DEF 描述法的引入关系

　　面向对象的 I_2DEF 描述法比较适合大型复杂系统的描述，具有以下特点。

　　① 采用了正向的系统开发描述思路，即先进行系统的结构建模，厘清问题描述；然后进行系统的动态建模，给出系统描述的先后顺序；最后进行系统的功能建模，设计出系统应该具备的功能，这种描述思路更符合复杂系统的开发。

　　② 兼容传统的 IDEF 系列描述方法，便于系统开发人员掌握。

③ 描述方法统一、规范，各阶段模型相互兼容，便于系统开发。

④ 符合复杂系统描述的思维习惯，便于开发者和用户沟通，使开发的系统更符合用户要求。

4.2.2.3　GRAI建模描述法

GRAI 建模描述法是由法国 GRAI 实验室提出的一种建模分析描述方法，主要应用于复杂生产的决策系统。GRAI 建模描述法由 GRAI 格和 GRAI 网两个必要的图形工具组成，其中，GRAI 格主要用来对决策系统整体结构的宏观视图进行建模，它可清晰地描述决策系统各模块的职能及模块间的联系；GRAI 网主要用于描述决策系统各模块的具体工作过程，并给出模块的输入数据、触发条件和输出结果。

（1）GRAI 格

建立复杂系统的 GRAI 格是 GRAI 建模描述法的第一步，复杂系统的 GRAI 格对于了解系统整体运行过程起着至关重要的作用。GRAI 格由行列交织的表格构成，其中的行表示决策的调整期和有效期，是时域条件的体现；列表示系统的职能。行列交叉构成的矩形 GRAI 格表示决策中心，可为每个决策中心编码，即功能码和水平码，进而设定所对应的 GRAI 网代码。GRAI 格中的有效期也称计划期，主要是指决策中心发布决策执行期限；而 GRAI 格中的调整期主要是指该决策的修改时间。GRAI 格中的职能主要有设计职能、计划职能、供应职能、控制职能和维护职能等。为更好地描述这些职能的决策活动，可将 GRAI 格中的列分解为两列，左侧列用于描述制造企业的外部环境，如法律法规、行业标准和市场行情等；右侧列主要用于描述制造企业的内部信息，如系统收到的企业内部数据等。

（2）GRAI 网

GRAI 格的决策中心对应一个 GRAI 网，该网主要对该决策中心各决策活动的图形进行描述，可清晰地展示该决策的工作过程。GRAI 网的组成要素主要有以下几种。

① 矩形框要素。该要素用于表示系统所拥有的资源、参数或运行机制等。

② 横向箭头要素。该要素用于表示系统的一些非决策性活动，代表系统"要做什么"。

③ 竖向箭头要素。该要素用于表示系统的一些决策活动，代表系统"决定什么"。

④ 菱形及编码要素。该要素用于表示系统与 GRAI 格其他决策中心的联系。

综上所述，可根据智能制造系统的特点，选用其中一种合适的描述方法进行描述，进而完成数字孪生的建模工作。

4.2.3 描述方法确定的原则

创建智能制造生产系统数字孪生模型的方法有很多，不同的方法会得到不同的模型。当这些模型被创建后，要依据某些原则进行选择。为此，我国学者陶飞等人提出了一套数字孪生模型"四化四可八用"的构建原则，对于不同数字孪生模型的选择具有一定的指导作用。"四化四可八用"构建原则中的"四化"是指精准化、标准化、轻量化和可视化；"四可"是指可交互、可融合、可重构和可进化；"八用"是指可用、通用、速用、易用、联用、合用、活用和好用；"四化""四可"和"八用"的关系如图 4-8 所示。在该构建过程中，"四化"是选择数字孪生模型应满足的要求，"四可"是数字孪生模型在运行过程中应满足的需求，"八用"则是数字孪生模型最终的运行目标。

图 4-8　数字孪生模型构建原则的关系图

数字孪生模型构建原则中"四化"的具体要求如下。

（1）精准化

精准化原则主要是指数字孪生模型能够准确地仿真制造系统的静态特性和动态特性，包含物理设备或系统的所有主要参数，能够动态地仿真物理设备或系统的各项动作或功能，且仿真结果跟预期相符或相近。因此，精确化原则可保证数字孪生模型的正确性。

（2）标准化

标准化原则主要是指数字孪生模型在其模型定义、流程开发、算法求解、代码编写、数据通信以及模块封装等方面要遵守相关的规范或流程，满足规范化开发的基本要求。因此，标准化原则可保证数字孪生模型的通用性和兼容性。

（3）轻量化

轻量化原则主要是指数字孪生模型在满足准确化、标准化原则的前提下，尽量简单，去掉多余的或不重要的承载信息和物理描述等方面信息。因此，轻量化原则可保证数字孪生模型的实现性和高效性。

（4）可视化

可视化原则主要是指数字孪生模型要具备一定的人机交互能力，在模型构建、模型使用和模型维护等方面能提供良好的数据展现界面，方便用户操作和理解数据。因此，可视化原则可保证数字孪生模型的交互性和直观性。

数字孪生模型构建原则中"四可"的具体要求如下。

（1）可交互

可交互原则是指数字孪生模型能够跟不同模型之间进行数据交互，能够满足大数据、互联网、物联网和人工智能等新技术发展的要求，完成多媒体之间的协同工作。因此，可交互原则保证了数字孪生模型的协同性，避免了信息孤岛现象。

（2）可融合

可融合原则是指数字孪生模型能够融合多种新技术和多种不同的模型，不会出现过大时间延迟导致的生产设备重大安全隐患，更不会出现模型部分功能运行不协调等现象。因此，可融合原则保证了数字孪生模型处理复杂生产系统时的整体性。

（3）可重构

可重构原则是指数字孪生模型能够根据不同的生产环境进行快速调整，能够适当修改自身结构、参数配置等功能，以满足新环境的需求，使模型具有快速部署快速应用的能力。因此，可重构原则保证了数字孪生模型的灵活性和应急性。

（4）可进化

可进化原则是指数字孪生模型具备一定的功能更新和技术演化能力，能够适应新技术的发展趋势，及时做好模型的升级和版本管理工作。因此，可进化原则保证了数字孪生模型的延续性。

数字孪生模型构建原则中"八用"的具体要求如下。

（1）可用

可用性原则是指数字孪生模型在生命周期内能够满足制造企业的应用需求，能提供稳定、可靠的使用功能。可用性包括瞬时可用性、时段可用性和固有可用性三种，主要通过数字孪生精准化原则来保障。

（2）通用

通用性原则是指在设计开发数字孪生模型时要充分考虑行业的通用标准，使设计开发的模型能广泛应用到相关制造行业。因此，数字孪生模型的通用性主要依靠标准化原则来保障。

（3）速用

速用性原则是指数字孪生模型能够快速部署，高效地被使用，为制造企业降低必要的生产成本，提高生产效率。因此，数字孪生模型的速用性主要依靠轻量化原则来保障。

（4）易用

易用性原则是指数字孪生模型应方便用户使用，用户能在短时间内掌握模型的操作流程，正确地理解模型输入、输出数据的含义，快捷地与模型进行交互。因此，数字孪生模型的易用性主要依靠可视化原则来保障。

（5）联用

联用性原则是指数字孪生模型能够有效地联合各设备或系统的生产流程，达到联机共用的目的。因此，数字孪生模型的联用性主要依靠可交互原则来保障。

（6）合用

合用性原则是指数字孪生模型会用到许多新技术、新方式和新手段，能够整合各方面的要求，共同完成生产任务。因此，数字孪生模型的合用性主要依靠可融合原则来保障。

（7）活用

活用性原则是指数字孪生模型满足灵活运用的要求，能够快速适应不同环境下生产企业发生改变的生产需求。因此，数字孪生模型的活用性主要依靠可重构原则来保障。

（8）好用

好用性原则是指数字孪生模型能够满足制造企业的生产需求，能够随着企业的发展、生产需求的改变和新技术新方法的出现，不断完成模型的升级，进而延长模型的生命周期。因此，数字孪生模型的好用性主要依靠可进化原则来保障。

4.3
数字孪生优化模型可能存在的问题

4.3.1 连续与离散问题

数字孪生模型对智能制造企业生产流程进行优化本质上可分为两大类问题，即连续优化问题和离散优化问题。连续优化问题最大的特点是，决策变量的定义域是连续的数值；而离散优化问题最大的特点是，决策变量的定义域不是连续的数值，是由一个个离散点数据构成的集合。因此，两种问题受到的决策变量约束各不相同。在连续优化过程中，由于决策变量和目标函数都是连续的，因此可通过对某点的取值来估算附近点对目标函数的影响，进而判断系统是否达到最优。然而，离散优化不具备连续优化的这一性质，其优化过程要考虑的问题会更多，例如离散系统的分支定界问题、松弛函数设置问题等。

4.3.2 随机与确定问题

随机与确定也是复杂生产系统数字孪生优化过程中常见的问题。确定问题是指系统优化的内容和目标都很明确，生产过程也不再有不确定的因素发生，因此优化过程相对简单，考虑的问题较少。随机优化是指系统优化过程中存在许多不确定性因素，即系统的运行存在一定的随机性，导致优化过程变得比较困难，考虑的内容和采取的技术手段也变得异常复杂。随机优化可借助人工智能中的机器学习或深度学习等算法进行解决，同时也可通过适当地增加样本的数量，降低优化的难度。

4.3.3 有约束与无约束问题

数字孪生模型优化智能制造企业生产流程时经常遇到一类问题——目标函数是否受到了相应的约束，即有约束和无约束问题。顾名思义，无约束问题是指系统的决策变量和目标函数在优化过程中始终不受任何约束限制，即决策变量的定义域是全体实数；而有约束问题则是指系统的决策变量和目标函数在优化过程中受到某种约束的限制，系统要在这些限制下完成优化过程。因此，系统的无约束优化相对简单，决策变量可选值的范围广，系统优化更容易，但现实中这样的系统较少。系统的有约束优化相对困难，需要考虑的问题较多，尤其是如何精确地找到系统所受的约束以及如何找到该约束下的优化算法等难题。

4.3.4 线性与非线性问题

数字孪生模型中的线性和非线性问题也是一类需要考虑和解决的问题。所谓线性问题，也称线性规划，是指模型的约束函数及目标函数都是线性函数，符合线性函数的特性。相反，若模型中的约束函数或目标函数有一个不是线性函数，则该模型的优化问题就为非线性问题，也称非线性规划问题。线性函数具有较好的数学特性，因此，模型的线性优化问题相对容易，非线性优化问题相对较难。然而，智能制造企业的生产流程优化大多属于非线性优化问题，因此要将其进行必要的改造，利用线性问题优化求解的科学手段解决非线性问题。

4.3.5 局部与全局问题

数字孪生模型的局部最优解和全局最优解是优化时经常遇到的一类问题。若某目标函数 $y=f(x)$，决策变量 x 在其定义域 X 中，存在某一值 χ 使整个目标函数满足关系：

$$\begin{cases} f(\chi) \leqslant f(x) \\ \forall \chi \in X \end{cases} \tag{4-1}$$

则点 $(\chi, f(\chi))$ 为目标函数 $f(x)$ 的全局最小点，其值为全局最小值。若点决策变量 χ 存在某一个邻域 $[\chi-\delta, \chi+\delta]$，使目标函数满足关系：

$$\begin{cases} f(\chi) \leqslant f(x) \\ \forall \chi \in ([\chi-\delta,\ \chi+\delta] \bigcap X) \end{cases} \tag{4-2}$$

则点 $(\chi, f(\chi))$ 为目标函数 $f(x)$ 的局部最小点，其值为局部最小值。若点决策变量 χ 在其邻域内，使目标函数满足关系：

$$\begin{cases} f(\chi) < f(x) \\ \forall \chi \in ([\chi-\delta,\ \chi+\delta] \bigcap X) 且 \chi \neq x \end{cases} \tag{4-3}$$

则点 $(\chi, f(\chi))$ 为目标函数 $f(x)$ 的严格局部最小点，其值为严格局部最小值。如图 4-9 所示，根据定义可知，点 (x_1, y_1) 为局部最小点，点 (x_2, y_2) 为全局最小点，点 (x_3, y_3) 为严格局部最小点。

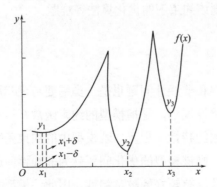

图 4-9 局部与全局最优解

同理，可以定义全局最大点、全局最大值、局部最大点、局部最大值、严格局部最大点和严格局部最大值。

在实际的优化调度中，全局最大最小值和局部最大最小值都是最优解，主要取决于优化需求。然而，制造企业的生产流程比较复杂，在实际优化过程中往往只求得局部最优解，这就需要采取必要措施，如增加样本数量等，避免系统优化陷入局部最优解的循环中，导致演绎误差过大。

4.3.6 凸与非凸问题

所谓凸优化问题，是指模型决策变量的定义域是凸集，目标函数是凸函数。相反，若决策变量的定义域不是凸集或目标函数不是凸函数，则模型优化问题属于非凸优化问题。由于凸集和凸函数都具有最大或最小值，因此凸优化问题的局部最优解也是模型的全局最优解，这也使全局优化过程变得相对简单。然而，在实际的智能制造企业生产工艺优化过程中，往往会得到一个非凸函数的数字孪生模型，因此要对其进行改造。常用的技术是，将非凸优化问题转化为若干个局部凸优化问题并求解，然后判断这些解的最优性，从而得出全局最优解。

本章小结

本章主要介绍了智能制造系统数字孪生建模时需要考虑和解决的问题，包括 3D 可视化模型的构建问题，如模型组建的一般步骤、相关平台和场景的搭建等；数字孪生优化模型描述的相关问题，如离散事件动态系统问题、常见的描述方法及原则确定问题等；数字孪生优化模型可能存在的问题，如连续与离散问题、随机与确定问题、有约束与无约束问题、线性与非线性问题、局部与全局问题、凸与非凸问题等。处理好这些问题，对于数字孪生模型的精确创建和最优化求解至关重要，也为后续优化调度和故障诊断做好铺垫工作。

智能制造系统的
数字孪生技术

建模、优化
及故障诊断

Chapter
5

智能制造系统的数字孪生有约束优化调度

　　智能制造系统的工艺链中存在大量有约束生产流程，这些流程映射到数字孪生模型中便形成了线性数字孪生模型。为了解决线性数字孪生模型的优化调度问题，本章介绍了线性模型、决策树模型、虚拟技术与工作流模型相融合的优化调度方法，并结合某汽车制造企业的线性工艺流程，进行方法模型验证、优化调度以及性能分析，为线性智能制造系统数字孪生模型优化调度提供了参考。

5.1
智能制造供应链数字孪生体优化的流程描述

智能制造系统十分复杂，涉及的行业众多。为了方便阐述，这里以某汽车制造企业为例，介绍智能制造企业供应链及相关生产工艺数字孪生体的描述过程。

5.1.1 汽车制造供应链结构分析

汽车制造是一个多行业、多部门高度配合的过程，所对应的供应链群结构复杂、难于调度。根据市场发展的规律及行业特点，汽车制造业有着一整套较成熟的供应体系，即原材料采购、原材料加工、零部件组装、整车装配、整车销售、售后服务等。因此，广义上讲，汽车制造供应链是从原材料采购至整车交付过程中所经历的全部流程的集合，包括原材料及零部件采购物流网、整车装配加工工艺网、整车销售网及售后服务网，如图 5-1 所示。

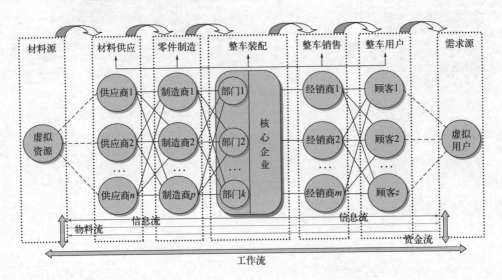

图 5-1　汽车制造供应体系

在汽车制造供应体系中，汽车制造企业位于中心，左侧为零部件提供商和原材料供应商，右侧为汽车分销商及最终用户，他们之间通过信息流、物料流、资金流以及工作流来完成信息的传递和反馈。汽车零部件提供商主要围绕某些大型汽车制造商开展工作，他们的业务目标是满足汽车制造企业的需求，因此他们的合作自由度及业务范围都比较有限。材料供应商是为零部件提供商服务的，主要为某些重要零部件供应原材料。汽车分销商处于汽车制造企业的下游，一方面完成汽车的销售目标，另一方面完成用户需求的收集，从而引领企业健康发展。优化汽车制造供应链体系并使之成为合理、有序、高效、成熟的柔性制造网，对于企业平稳运行、产品质量持续提升、运营成本逐步降低以及核心竞争力不断增强都起到了至关重要的监控作用。由于汽车制造企业位于供应链的中心，所以供应链的监控任务主要是由其负责。汽车制造企业可以汽车的加工工艺为中心，前向约束原材料及零部件供应商，后向遵照用户订单要求，完成对整体供应链的监控。

5.1.2　汽车制造供应链特点分析

汽车制造供应链管理是对汽车制造各环节进行的计划、执行、监视、协控和优化调度等活动的集合。因此，汽车制造供应链具有以下几方面特点。

（1）以兼容和优化为核心，兼顾公平

汽车制造供应链优化调度的目标是，使涉及的所有企业和部门相互兼容，为赢得市场而共同奋斗。因此，汽车制造供应链要整合现有的资源，包括前向原材料供应商、零部件加工商和后向整车销售商、用户等。在整合过程中，核心企业要优化调度材料供应网、零件物流网、加工工艺网、信息反馈网。由于所有企业都是供应链成员，因此它们具有一定的平等性。

（2）以汽车制造企业为核心，优化调度各供应商

由于汽车制造企业处于供应链结构的中心，因此所有工作都应该围绕汽车制造企业来开展。应根据汽车加工工艺的需要，合理调度各原材

料及零部件供应商，实现资源的最优配置。

（3）具有高度的协同性

汽车制造供应链的优化调度能否为整个企业群带来竞争优势，完全取决于各企业之间的协同配合。好的协同控制算法可最大地发挥供应链各成员的效能，对提高整体供应链的性能起着至关重要的作用。

（4）具有以用户需求为导向的拉动性

汽车制造供应链的建立和重组是以满足市场需求为基础的，而市场需求来自产品的最终用户。因此，汽车制造供应链应面向用户，并以用户的需求为导向，拉动各供应链成员进行产品创新和质量提升。

（5）具有多样性及交叉性

汽车制造供应链中各成员所处的位置不同，担负的供应角色也不同。而不同的角色在优化过程中会得到不同的处理，因此，汽车制造供应链具有多样性。此外，由于供应链各成员间往往存在利益交叉，因此供应链还具有一定的交叉性。这种多样性和交叉性导致了供应链的调度优化具有一定的复杂性，企业需要制定合理的调度策略。

5.1.3　汽车制造供应链复杂性分析

汽车制造供应链结构复杂，涉及众多的原材料采购商、零部件供应商、整车销售商和用户，其复杂性体现为以下几个方面。

（1）汽车制造供应链中面临许多不确定因素

汽车制造供应链涉及的环节较多，每个环节又有自身的特点和面临的问题，有些是企业自身的问题，有些则是外部的问题。在供应链中，无论是哪个环节出现问题，都会给供应链的优化调度带来不确定性。

（2）汽车制造供应链中充斥着众多难以解决的非结构化、非线性问题

现代制造业管理理论主要是由结构化、半结构化和非结构化问题组成的，有些结构化和半结构化问题可用数学建模的方法加以描述和解决，而对于某些非结构化问题的解决，目前的理论和手段尚不成熟。即便是结构化和半结构化问题，也呈现出向非线性方向发展的趋势，这使现有的解决手段变得越来越力不从心。对于汽车制造供应链中的非结构

化问题，只有通过调研获得经验数据，采用科学的量化方法进行求解，才能使企业较好地应对发展中面临的众多不确定因素。

（3）汽车制造供应链是动态、多维离散事件的组合，其执行具有一定的复杂性

汽车制造与其他生产加工型企业（如电力业、石油业、化工业等）不同，它是离散制造加工的过程。虽然汽车的制造也是在生产线上进行的，但主要零部件大多来自不同的加工设备，主生产线只注重整车的组装。这些不同的生产线之间是一种离散的关系，不太容易在计算机上建模。

5.1.4　汽车制造政策描述

为进一步降低运营成本、提高产品质量和赢得市场份额，该汽车制造企业重新分析和评估了供应链各个环节的关键业务，对制造过程中的产品计划、原材料及零部件采购、整车加工和整车交付等环节进行了政策调整。

（1）产品计划政策调整

目前，汽车制造企业的产品计划生产模式主要有三种，分别是按库存计划生产模式、按订单计划生产模式和按订单反馈计划生产模式。按库存计划生产模式是指汽车制造企业在市场调研之后，根据企业资金情况生产汽车，并强行推销给分销商进行销售的生产模式，也是早期的一种汽车计划生产模式。按订单计划生产模式是指借助新一代高科技技术制订全局级别的生产计划，综合考虑用户对订单的要求，围绕物流网、资金网和生产网涉及的全方位要素制订符合汽车制造企业特点的产品计划。按订单反馈计划生产模式是指在按订单计划生产模式的基础上，充分考虑汽车销售网和售后服务网反馈的意见和建议，建立全球性汽车产品的定位跟踪系统，统筹协调汽车的库存，动态决策汽车制造的发展计划。显然，在这三种汽车计划生产模式中，第一种是初级模式，比较适合品种单一的小规模汽车制造企业；后两种是高级别模式，比较适合较大规模的汽车制造企业。鉴于企业的发展规模，该汽车制造企业选用了后两种生产模式的折中方案。为配合这种生产计划，该汽车制造企业目

前已经配套使用了某些计算机工具，能够快速收集市场变化数据、产品加工数据和用户反馈数据，初步具备了汽车制造供应链的调度能力。

（2）原材料及零部件采购政策调整

根据市场发展的需求，该汽车制造企业将自身的汽车制造供应链系统进行了多次调整，把许多非核心业务委托给其他制造企业，并进行择优采购。通过对委托制造企业进行时间及质量控制，该汽车制造企业可有效调整自身的产品生产计划，达到适应市场发展的目的。此外，该汽车制造企业还优化了部分采购流程、使用了某些信息技术手段，确保汽车制造供应链整体信息的及时性和准确性。在汽车价格普遍较低的大环境下，汽车制造企业的采购部逐渐成了企业低成本运营的重要部门。为此，该汽车制造企业加强了对采购部的管理，要求其认真监督原材料及零部件供应商，在确保低价位的同时注重合同执行的时效性和供应质量的稳定性。

（3）整车加工政策调整

该汽车制造企业的产品计划生产模式，要求生产线既要快速进行汽车的生产加工，又要满足用户的需求实现生产线的快速调整，这就给整车加工部门带来了麻烦。如何满足这两方面的要求，是该汽车制造企业生产部门应解决的问题。最终，该汽车制造企业将汽车制造生产线改造成了混合生产线，汽车的每个总装车间及生产线可根据用户的需求完成多种类型汽车的生产。这样，该汽车制造企业就实现了既提高生产效率又满足用户特殊需求的目的。汽车柔性制造过程如图 5-2 所示。

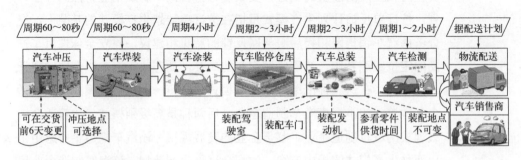

图 5-2　汽车柔性制造过程

（4）整车交付政策调整

汽车的整车交付主要受用户购车订单及配套物流两方面约束。为此，该汽车制造企业采用计算机管理信息系统对用户购车订单进行科学管理，通过计算机软件实现用户需求与供应链各环节加工策略的融合，达到高效生产的目的。同时，该汽车制造企业还加大了对物流网的监督和优化，动态跟踪和科学评价物流部门，使汽车快速、高质量地交付给各分销商。

5.1.5　汽车制造供应链描述

经调研发现，该汽车制造企业是国内一家大型的汽车生产单位，生产的汽车产品在国内外具有一定的市场，得到了用户的认可。该汽车制造企业的汽车制造供应链系统如图 5-3 所示。

由此可知，该汽车制造企业的供应链系统包括五部分，分别是原材料供应商、零部件供应商、汽车制造企业、分销商和用户。在汽车制造供应链中，汽车分销商和用户位于汽车制造企业的下游，反映了企业的市场需求和质量评价。正是有了供应链系统下游提交的订单和信息反馈，汽车制造企业才能及时地调整和优化生产线，完成汽车的特色制造。原材料供应商和零部件供应商位于汽车制造企业的上游，反映了汽车制造过程中的采购过程。这些位于上游的供应商可分为四个等级，分别是原材料供应商、零部件供应商、关键零部件供应商和成套系统供应商。原材料供应商负责供应基本材料，包括钢材、橡胶、塑料及油漆等。零部件供应商负责供应汽车的基本零部件，包括电器元件、钣金件等。关键零部件供应商负责提供汽车的重要零部件，包括发动机、变速器等。成套系统供应商负责供应汽车的整套系统，包括电气系统、内饰系统等。该汽车制造企业位于供应链系统的中心，主要负责汽车的整体加工及全部供应链系统的控制，包括汽车的设计与研发、原材料及零部件的采购、整车的组装加工、整车的库存、运输及整体协调等。

该汽车制造企业的汽车实物物流包括外部物流和内部物流，如图 5-4 所示。

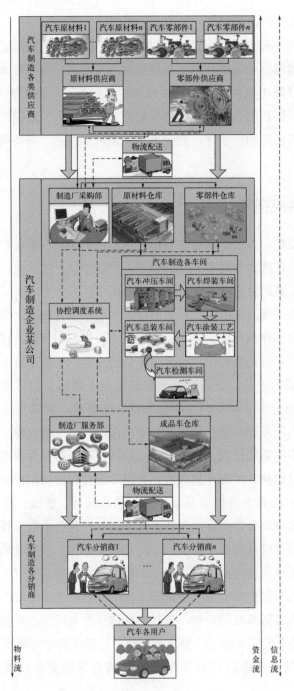

图 5-3 汽车制造供应链系统

智能制造系统的数字孪生技术：建模、优化及故障诊断

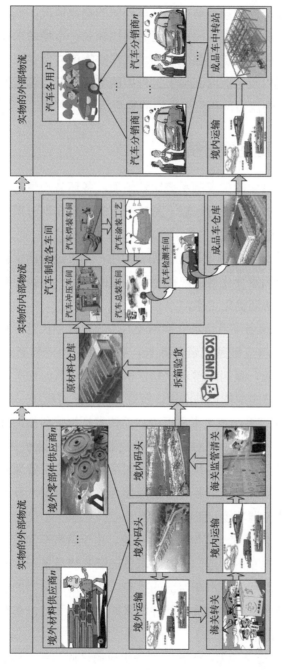

图 5-4 汽车实物物流过程

实物外部物流主要是指汽车某些实物在国外的物流情况，包括某些进口原材料及零部件的物流情况和整车外销的物流情况。汽车实物的外部物流由于涉及境外因素，因此物流时间比较长，市场需求预测比较困难，容易影响供应链系统的整体性能。汽车实物的内部物流主要是指汽车某些实物在国内及企业内部加工过程中的物流情况，包括国产原材料及零部件采购的物流情况和整车内销的物流情况。

5.1.6 汽车制造供应链问题分析

该汽车制造企业的供应链系统比较烦琐，各环节产生的问题将直接影响整个供应链的平稳运行。以下是该汽车制造企业现有供应链管理系统存在的一些问题。

① 现有供应链系统的设计过于偏重对生产加工过程的优化，没有充分考虑其他环节因素变化对供应链整体性能的影响，导致现有供应链系统不能满足整体协调优化工作。

② 供应链系统各环节信息交换不及时，导致计划执行严重失真。该汽车制造企业的供应链系统链条太长，各环节之间的信息交换比较滞后，根据鞭子效应，最初的需求计划累积到最终环节时已严重失真，最终导致该汽车制造企业的产品滞销，资金及库存严重积压。

③ 现有供应链系统成员素质低下，无法发挥现代科技的优势。由于供应链管理系统涉及计算机技术、现代企业管理技术及机械加工技术，所以要求使用者具备一定的科技能力。如果使用供应链管理系统的职工素质低下，就会出现供应链各环节之间配合不畅的情况，导致最终无法发挥系统的整体协调功能，影响优化效果。

④ 缺乏产品的跟踪、定位和反馈功能。由于该汽车制造企业采用混合生产线来完成汽车的制造，这就要求供应链系统具备一定的信息反馈功能，能动态跟踪和定位汽车当前的状态，按照用户反馈的信息及时调整生产线，完成相关原材料及零部件的采购，及时完成汽车的组装，满足快速响应用户的要求。

⑤ 系统缺乏协调能力，无法实现各供应商之间的统一调度。由于供

应链系统涉及的供应商群体比较庞大，同时受限于计算机技术水平，对多供应商的协控调度存在一定的困难，导致整体供应链系统调度有些混乱。

⑥ 缺乏质量控制功能及评价体系。质量的实时控制及供应商、生产部门、分销商业绩评价体系对供应链系统的进一步改进起到至关重要的作用，其一方面可进一步提升竞争力，另一方面可提升供应链成员的凝聚力，发挥更大的系统效能。

5.1.7 汽车制造工艺描述

汽车制造工艺水平的精细程度决定了汽车质量的高低，也直接决定了用户对汽车产品的满意度。因此，汽车制造工艺流程在汽车制造企业中具有绝对重要的地位。该汽车制造企业的汽车制造包括五个主要的加工工艺，分别是汽车冲压工艺、汽车焊装工艺、汽车涂装工艺、汽车总装工艺和汽车检测工艺，它们之间的关系如图 5-5 所示。

（1）汽车冲压工艺

原材料钢板初步处理后，经过汽车冲压工艺可加工成汽车的车身等零部件。因此，汽车冲压工艺是五大汽车制造工艺的第一道工序，主要完成车身覆盖件的冲压工作，包括车顶、车门、车两侧等，具体工艺如图 5-6 所示。

该汽车制造企业冲压车间的目标是确保尺寸和重量精度，可通过控制原材料钢板的重量、尺寸和冲压模具的清洁度来实现。在具体冲压操作中，冲压车间通过清洗并涂油的方式来控制冲压件的精度，通过优化冲压设备参数的方式来避免冲压件尺寸精度损失，通过保持车间卫生的方式来控制冲压件的做工精度。此外，冲压车间还进行如下操作来进一步确保冲压后产品的质量。

① 原材料检测。冲压车间首先要对原材料进行开料检测，判断原材料质量的优劣，并将有问题的原材料放置在次料区，方便采购部门取回；将没问题的原材料放置在备料区，等待冲压设备的冲压。

② 冲压模具及设备检测。冲压车间人员要对冲压模具及所用的设备进行逐一检测，确保生产线在进行大批量零部件冲压时不发生问题。

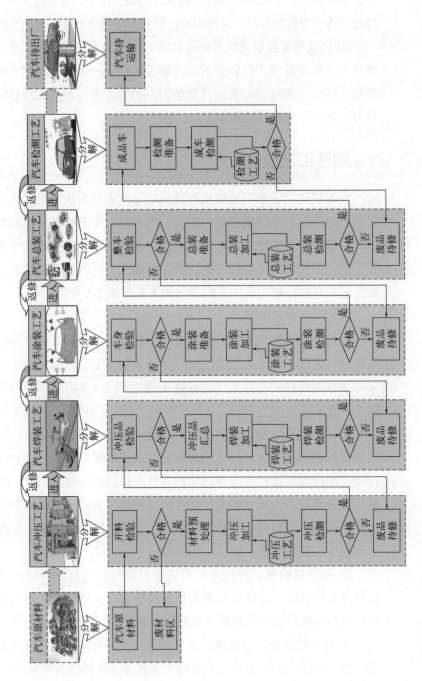

图 5-5　汽车制造加工工艺

　智能制造系统的数字孪生技术：建模、优化及故障诊断

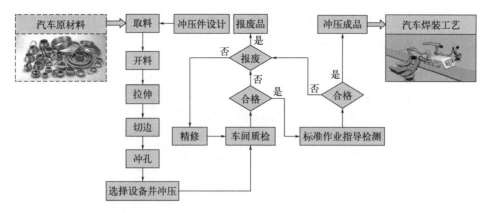

图 5-6　汽车制造冲压加工工艺

③ 冲压首末件检测。由于冲压件是在生产线上批量冲压，因此冲压后的首批及末批零部件最容易出现质量问题，应重点检测。

④ 产品抽检。冲压车间的每个班组要随时抽查生产线的冲压产品，以确保整批产品的质量。

⑤ 质检员检测。冲压车间应安排专门的质检员，对冲压后的零部件进行抽检，评定该批冲压后的零部件是否合格。

⑥ 返修品复查。对于质检不合格的冲压产品，应进行返工修理。修理完成后应进行复查，若仍不合格，则放置在废品区等待处理；若合格，则进入下一工序车间。

该汽车制造企业冲压加工车间实景如图 5-7 所示。

（2）汽车焊装工艺

汽车的焊装工艺已在第 4 章 4.1.3 中重点介绍过了，这里不重复阐述。

（3）汽车涂装工艺

焊装后的车身要进入涂装车间进行涂装加工。该工艺主要完成车身外表油漆的涂装，包括预处理、电泳涂漆、电泳线上抛光、电泳线下抛光、喷底、涂胶、中途涂漆、中途湿抛光、中途线下抛光、涂色漆、涂清漆及涂面漆等工序，它们之间的关系如图 5-8 所示。

该汽车制造企业涂装车间的目标是确保车身涂漆的质量，主要包括涂漆的均匀度、厚度、色差等。车身涂装是一个物理化学过程，有其特殊性，因此涂装的质量会受到多方面因素的影响，涂装车间可通过严格控制工艺流程来确保涂装的质量。此外，涂装车间还要进行如下操作来进一步确保涂装后产品的质量。

图 5-7　汽车制造冲压加工车间实景

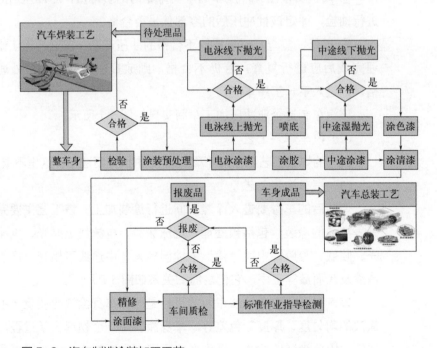

图 5-8　汽车制造涂装加工工艺

　智能制造系统的数字孪生技术：建模、优化及故障诊断

① 全自动化、封闭式作业。由于涂装车间主要完成车身涂漆工作，因此采用机器人封闭式作业模式，可减少人为因素造成的质量问题。

② 涂装首末件检测。由于涂装是机器人批量操作，因此涂装后的首批及末批车身最容易出现质量问题，应重点检测。

③ 设备检测。操作员应对涂装设备进行开工检测，包括各种用料的质量及数量等。

④ 产品抽检。涂装车间的每个班组要随时抽查生产线的涂装产品，重点检查漆膜厚度等参数，以确保整批产品的质量。

⑤ 涂装工艺参数检测。根据涂装工艺要求，涂装工程师应对设备参数进行检测，包括涂面漆参数、电泳参数等，以确保涂装的精度。

⑥ 质检员检测。涂装车间应安排专门的质检员，对涂装后的车身进行抽检，评定该批涂装后的车身是否合格，若不合格要及时溯源。

⑦ 返修品复查。对于质检不合格的涂装产品，应进行返工涂装。涂装结束后应进行复查，若仍不合格，则放置在废品区等待处理；若合格，则进入下一工序车间。

该汽车制造企业涂装加工车间实景如图 5-9 所示。

图 5-9　汽车制造涂装加工车间实景

（4）汽车总装工艺

涂装后的车身进入总装车间进行组装，形成整车。总装工艺的主要任务是将各主要零部件集成至车身，包括发动机装配、变速器组装、电动系统组装、内饰系统组装等，它们之间的关系如图 5-10 所示。

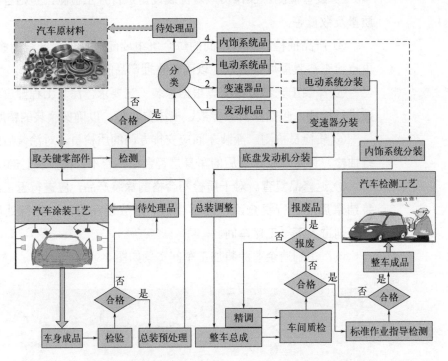

图 5-10　汽车制造总装加工工艺

该汽车制造企业总装车间的目标是确保汽车主要零部件的组装水平，主要包括各零部件组装间隙尺寸、电动系统组装质量、内饰系统组装质量、车门位置调整等。此外，总装车间还要进行如下操作来进一步确保总装后产品的质量。

① 设备检测。对总装设备进行检测，确保总装过程中不出现设备问题。

② 产品抽检。总装车间的每个班组要随时抽查生产线的总装产品，以确保整批产品的质量。

③ 质检员检测。总装车间应安排专门的质检员，对总装后的汽车进行抽检，重点检测内饰系统、动力系统、电动系统等，评定该批总装后的汽车是否合格，若不合格要及时溯源。

④ 返修品复查。对于质检不合格的总装产品，应进行返工总装。总装结束后应进行复查，若仍不合格，则放置在废品区等待处理；若合格，则进入下一工序车间。

该汽车制造企业总装加工车间实景如图 5-11 所示。

图 5-11　汽车制造总装加工车间实景

（5）汽车检测工艺

总装之后的汽车基本成形，但在出厂前还要进行整车测试工作，即工程师要完成防冻液、润滑油、机油、玻璃水、燃料等液体的加注，还要在厂区进行汽车试跑以及调整汽车各参数，使汽车达到最佳状态。因此，汽车检测工艺主要包括各种液体的加注、整车漆面检测、车轮四轴定位、车身预热测试、密封测试、尾气测试及试驾测试，它们之间的关系如图 5-12 所示。

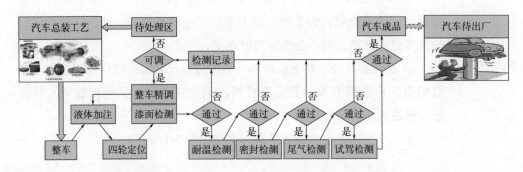

图 5-12 汽车制造检测工艺

通过检测的汽车，即可放置在厂区指定区域等待转至各分销商；没有通过检测的汽车，则需要返厂重修。该汽车制造企业检测车间实景如图 5-13 所示。

图 5-13 汽车制造检测工艺实景

可结合第 4 章案例，对以上各供应链及生产工艺流程创建对应的数字孪生模型。

5.2
线性工作流优化调度算法

将线性模型与工作流模型相结合，可生成线性工作流模型，从而应用在智能制造系统数字孪生有约束普通生产流程的优化调度过程中。

5.2.1 约束条件及目标函数设定

智能制造生产工艺优化调度路径 $Link$，是一个有向路径，可形式化为四元组 $Link(P, E, A)$，其中，$Link$ 是优化调度路径名称。P 是该路径所经过位置节点的集合。E 是路径所经过有向边的集合。A 是该路径所经过各位置节点的累积参数集合，可表示为 $A=(a_1, a_2, \cdots, a_i, \cdots, a_n)$，$n$ 为集合 P 中节点数；a_i 为位置节点 $n_i(n_i \in P)$ 的累积参数，可表示为 $a_i=(a_{iH}, a_{iC}, a_{iW})$，$a_{iH}$ 为位置节点 n_i 的累积生产时间，a_{iC} 为位置节点 n_i 的累积生产费用，a_{iW} 为位置节点 n_i 的累积生产质量。

智能制造生产工艺供应链普通业务工作流的优化过程采用串规约分层策略。该策略综合考虑生产的时间、费用及质量要求，即在限制矢量 R 内，从位置节点 E_0 出发，将各位置节点按照与节点 E_0 的距离进行分层，距离相同的在同一层中，并对每层位置节点进行自由度识别，确定其活动区间，然后在活动区间内匹配最优的过渡节点，计算最优的时间、费用及生产质量参数，将汽车制造过程逐层抽象为局部位置节点及过渡节点的执行过程，最后通过层层迭代，由后至前优化至位置节点 B_0，确定一条完整的时间、费用和生产质量最优调度路径。

在第 3 章的工作流图 AMSCG 中，令函数 $F_c(n_i, h_{ni})$ 和函数 $F_w(n_i, h_{ni})$ 分别表示位置节点 n_i 在时刻 h_{ni} 处，扫描加工节点自由度 $ND_{ni}[IMH_{ni}, ALH_{ni}]$ 内所能达到的最低加工费用和最高生产质量。位置节点 n_i 在时刻 h_{ni} 处的 $F_c(n_i, h_{ni})$ 和 $F_w(n_i, h_{ni})$ 可通过以下公式进行计算：

$$\begin{cases} F_c(n_i, h_{ni}) = \min\{c_{nik}\} \\ F_w(n_i, h_{ni}) = \max\{w_{nik}\} \\ h_{ni} \in ND_{ni}[IMH_{ni}, ALH_{ni}], 0 < k \leqslant o_{ni} \\ s.t. h_{ni} + h_{nik} \leqslant R.r_h, c_{ni} + c_{nik} \leqslant R.r_c, w_{ni} \times w_{nik} \geqslant R.r_w \end{cases} \tag{5-1}$$

假如位置节点 n_{i-1} 是位置节点 n_i 的前驱节点，则工作流图 AMSCG 采用逆向分层串规约后，节点 n_{i-1} 的累计加工时间、费用成本及生产质量可通过以下公式进行计算。

$$\begin{cases} F_c(n_{i-1}, h_{ni-1}) = \min\{F_c(n_i, h_n + h_{ni-1}) + c_{ni-1k}\} \\ F_w(n_{i-1}, h_{ni-1}) = \max\{Fw(n_i, h_n + h_{ni-1}) \times w_{ni-1k}\} \\ h_{ni-1} \in ND_{ni-1}[IMH_{ni-1}, ALH_{ni-1}], 0 < k \leqslant o_{ni-1} \\ s.t. h_{ni-1} + h_{ni-1k} \leqslant R.r_h, c_{ni-1} + c_{ni-1k} \leqslant R.r_c, w_{ni-1} \times w_{ni-1k} \geqslant R.r_w \end{cases} \tag{5-2}$$

整个工作流图 AMSCG 可通过公式（5-2）进行逐层优化，最终完成整个智能制造生产工艺供应链的优化过程。

5.2.2 优化调度算法描述

综上所述，线性工作流优化调度算法 WSOA(Workflow Scheduling Optimization Algorithm) 的设计策略如下：

① 将智能制造生产工艺供应链参数嵌入算法 WSMA 中，进而创建工作流图 AMSCG。

② 将工作流图 AMSCG 由后向前分层，结合工程限制矢量 R 及公式（3-43），计算工作流图中每个位置节点 n_i 的加工节点自由度 $ND_{ni}[IMH_{ni}, ALH_{ni}]$。

③ 利用公式（5-1）计算工作流图 AMSCG 最后一层位置节点 E_0 在加工节点自由度 ND_{E0} 内不同时刻所能达到的最低加工费用 $F_c(E_0, h_{E0})$ 及最高生产质量 $F_w(E_0, h_{E0})$，并进行标记。

④ 利用公式（5-2）并采用逆向分层串规约，计算工作流图 AMSCG 中每个位置节点 n_i 在加工节点自由度 ND_{ni} 内不同时刻所能达到的最低加工费用 $F_c(n_i, h_{ni})$ 及最高生产质量 $F_w(n_i, h_{ni})$，并进行标记。

⑤ 扫描标记后的工作流图 AMSCG 的各个位置节点，结合工程限制

矢量 R 及优化目标公式 3-44，确定最终的优化调度路径 *Link*。

⑥ 将优化调度路径 *Link* 输出。算法 WSOA 所对应的伪代码如下：

输入：工作流图 AMSCG，限制矢量 *R*；

输出：优化调度路径 *Link*；

```
Call WSMA to Create AMSCG;
BackScan(AMSCG) input P, H, C, W, R;
for ( int i=0; i<= P.length; i++ )
    { Formula3_43(ND[P.n[i]], R) };
Formula5_1(E0.Fc, P.E0, C.E0, H.E0, ND[P.E0]);
Formula5_1(E0.Fw, P.E0, W.E0, H.E0, ND[P.E0]);
for ( int i=P.length; i>=1; i-- )
    { j=i−1;
      Formula5_2(P.n[j].Fc, P.n[i].Fc, P.n[j], C.n[j], H.n[j], ND[P.n[j]]);
      Formula5_2(P.n[j].Fw, P.n[i].Fw, P.n[j], W.n[j], H.n[j], ND[P.n[j]])};
Scan(Link, AMSCG, Formula3_44, R);
OutPut Link;
```

经分析，算法 WSOA 的时间复杂度可达到 $O(n^2)$。

5.2.3 算法验证分析

该汽车制造企业冲压计划的制订充分考虑了冲压库存及焊装需求。在具体的冲压过程中，既要考虑设备的冲压时间、费用和冲压质量等工程问题，又要考虑冲压设备相关流水线的切换问题，所以实现各种因素叠加后的最优冲压调度显然是一个非常复杂的问题。为了便于研究，这里只讨论冲压过程的主要矛盾，忽略次要矛盾，介绍折中后线性工作流模型的建立及验证过程。

在冲压车间，日冲压工作应由冲压计划决定，而冲压计划则来源于订单等相关文档，因此日冲压工作可进一步分解为若干个供需订单文档的制约。日冲压工作一旦开始就不可以中断，因此冲压件的数量、流水线的切换、质量的检测等调度方案应提前制定。这里以冲压车间常用的三套冲压设备为例，进行工作流模型的建立及验证。设备编号分别为 M_1，M_2，M_3，具体性能如表 5-1 所示。

表5-1　冲压设备性能情况表

设备号	冲压力 / 吨	型式	机床规格
M_1	1200	CRANKLESS	3711 毫米 ×2200 毫米
M_2	600	CRANKLESS	3711 毫米 ×2200 毫米
M_3	1000	CRANKLESS	3711 毫米 ×2200 毫米

扫描车间的冲压工艺流程，并结合线性工作流的相关定义，可将该工艺流程分解为位置节点集合 P 及过渡节点集合 T。集合 P 和 T 的具体描述如表 5-2 和表 5-3 所示。

表5-2　位置节点集合 P

位置节点	描述	位置节点	描述
p_1	冲压设计	p_5	切边设备
p_2	取料设备	p_6	冲孔设备
p_3	开料设备	p_7	冲压设备
p_4	拉伸设备		

表5-3　过渡节点集合 T

过渡节点	描述	过渡节点	描述
t_1	设计准备	t_5	切边准备
t_2	取料准备	t_6	冲孔准备
t_3	开料准备	t_7	冲压准备
t_4	拉伸准备		

将表 5-1 至表 5-3 中数据输入算法 WSMA 中，可得出汽车制造供应链冲压工艺的线性工作流模型及工作流图，如图 5-14 所示。

工作流图比较直观地描述了该企业汽车制造冲压工序的动态调度关系，可根据优化算法对其进行最佳调度。

为了对汽车制造供应链中符合线性工作流模型特点的工艺流程进行优化调度，这里仍以冲压工艺这一典型优化案例进行分析。优化测试分析设备的服务器操作系统为 Windows7 版本，PC 机内存为 4G 以上，算法 WSMA 和算法 WSOA 采用 C# 编程。同时选取该企业某次汽车制造冲压的质量控制生产数据，要求工程限制矢量 R 为：$R.h=26.5$，$R.c=40$，$R.w=0.80$。

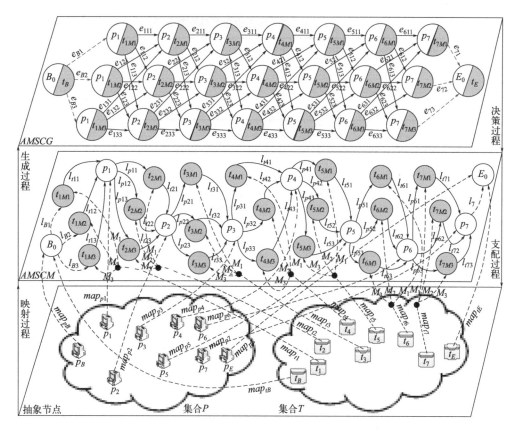

图 5-14　冲压工艺工作流图生成过程

（1）冲压质量优化调度过程分析

该企业常用的三套冲压设备及这些设备在日常情况下所生产工件的数据，如表 5-4、表 5-5 及表 5-6 所示。

表5-4　冲压设备各环节时间表
单位：分

设备号	设计	取料	开料	拉伸	切边	冲孔	冲压
M_1	7.0	2.0	6.0	2.1	5.4	3.2	1.0
M_2	6.5	2.4	6.3	2.0	5.6	3.1	1.1
M_3	6.9	2.7	6.1	2.2	5.3	3.4	0.9

表中只给出了相关设备的使用时间，不包括为这些设备服务的附带时间。

表5-5　冲压设备各环节费用表　　　　　　单位：元

设备号	设计	取料	开料	拉伸	切边	冲孔	冲压
M_1	8.2	2.3	7.0	2.5	6.3	3.7	1.2
M_2	9.2	3.4	8.9	2.8	8.0	4.4	1.6
M_3	8.6	3.4	7.6	2.8	6.6	4.3	1.1

表中只给出了相关设备的使用费用，不包括冲压材料及人员等其他费用。

表5-6　冲压设备各环节生产质量合格率表　　　　　　单位：%

设备号	设计	取料	开料	拉伸	切边	冲孔	冲压
M_1	96	98	95	98	95	96	94
M_2	98	99	96	99	94	97	96
M_3	97	99	97	97	95	99	95

表中只给出了相关设备的冲压质量，不包括其他影响冲压质量的因素。

该汽车制造企业冲压车间的工艺流程经过算法 WSMA 建模后会形成线性工作流图 AMSCG；将工作流图 AMSCG 输入优化调度算法 WSOA，并结合工程限制矢量 R 及表5-4 至表5-6 中数据，可形成优化后的工作流图 AMSCOG 及调度路径 $Link$，如图 5-15 所示。

在工程限制矢量 R 的制约下，根据冲压工艺的数据（表格 5-1 至表 5-6）可知，位置节点集合 P 映射到过渡节点集合 T 和三个常用冲压设备 M_1、M_2、M_3 后，经过算法 WSOA 得出位置节点 p_1、p_2、p_3、p_4、p_5、p_6、p_7 的最早可选开始时间分别为 0，6.5，8.5，14.5，16.5，21.8，24.9；最迟可选开始时间分别为 0.3，6.8，8.8，14.8，16.8，22.1，25.2，则冲压设计位置节点 p_1 的自由度 ND_{p_1} 为 [0,0.3]，取料设备位置节点 p_2 的自由度 ND_{p_2} 为 [6.5,6.8]，开料设备位置节点 p_3 的自由度 ND_{p_3} 为 [8.5,8.8]，拉伸设备位置节点 p_4 的自由度 ND_{p_4} 为 [14.5,14.8]，切边设备位置节点 p_5 的自由度 ND_{p_5} 为 [16.5,16.8]，冲孔设备位置节点 p_6 的自由度 ND_{p_6} 为 [21.8,22.1]，冲压设备位置节点 p_7 的自由度 ND_{p_7} 为 [24.9,25.2]。冲压工艺流程可在每个位置节点 p_i 对应的加工节点自由度 ND_{p_i} 内，计算出各位置节点在不同时刻开始所达到的最优生产质量 $F_w(p_i,h_i)$ 和对应的加工费用 $F_c(p_i,h_i)$，具体计算过程如下：

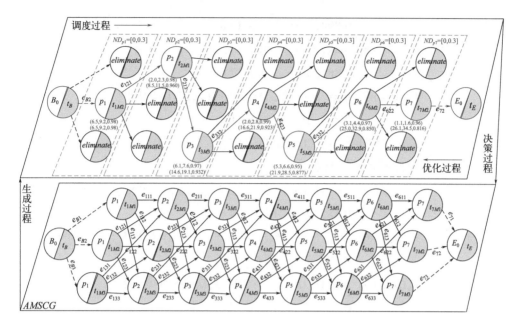

图 5-15 冲压工艺工作流图优化调度过程

冲压设备位置节点 p_7:

$F_w(p_7,24.9)=\max\{0.94,0.96,0.95\}=0.96$; $F_c(p_7,24.9)=1.6$;

$F_w(p_7,25.0)=\max\{0.94,0.96,0.95\}=0.96$; $F_c(p_7,25.0)=1.6$;

$F_w(p_7,25.1)=\max\{0.94,0.95\}=0.95$; $F_c(p_7,25.1)=1.1$;

$F_w(p_7,25.2)=\max\{0.95\}=0.95$; $F_c(p_7,25.2)=1.1$。

冲孔设备位置节点 p_6:

$F_w(p_6,21.8)=\max\{F_w(p_7,25.0)\times0.96,F_w(p_7,24.9)\times0.97,F_w(p_7,25.2)\times0.99\}$
$\qquad=0.941$; $F_c(p_6,21.8)=5.4$;

$F_w(p_6,21.9)=\max\{F_w(p_7,25.1)\times0.96,F_w(p_7,25.0)\times0.97\}$
$\qquad=0.931$; $F_c(p_6,21.9)=6.0$;

$F_w(p_6,22.0)=\max\{F_w(p_7,25.2)\times0.96,F_w(p_7,25.1)\times0.97\}$
$\qquad=0.922$; $F_c(p_6,22.0)=5.5$;

$F_w(p_6,22.1)=\max\{F_w(p_7,25.2)\times0.97\}=0.922$; $F_c(p_6,22.1)=5.5$。

切边设备位置节点 p_5:

$F_w(p_5,16.5)=\max\{F_w(p_6,21.9)\times0.95,F_w(p_6,22.1)\times0.94,F_w(p_6,21.8)\times0.95\}$

$$=0.894; \quad F_c(p_5,16.5)=12.0;$$

$$F_w(p_5,16.6)=\max\{F_w(p_6,22.0)\times0.95, F_w(p_6,21.9)\times0.95\}$$

$$=0.885; \quad F_c(p_5,16.6)=12.6;$$

$$F_w(p_5,16.7)=\max\{F_w(p_6,22.1)\times0.95, F_w(p_6,22.0)\times0.95\}$$

$$=0.876; \quad F_c(p_5,16.7)=11.8;$$

$$F_w(p_5,16.8)=\max\{F_w(p_6,22.1)\times0.95\}=0.876; \quad F_c(p_5,16.8)=12.1。$$

拉伸设备位置节点 p_4：

$$F_w(p_4,14.5)=\max\{F_w(p_5,16.6)\times0.98, F_w(p_5,16.5)\times0.99, F_w(p_5,16.7)\times0.97\}$$

$$=0.885; \quad F_c(p_4,14.5)=14.8;$$

$$F_w(p_4,14.6)=\max\{F_w(p_5,16.7)\times0.98, F_w(p_5,16.6)\times0.99, F_w(p_5,16.8)\times0.97\}$$

$$=0.876; \quad F_c(p_4,14.6)=15.4;$$

$$F_w(p_4,14.7)=\max\{F_w(p_5,16.8)\times0.98, F_w(p_5,16.7)\times0.99\}$$

$$=0.867; \quad F_c(p_4,14.7)=14.6;$$

$$F_w(p_4,14.8)=\max\{F_w(p_5,16.8)\times0.99\}=0.867; \quad F_c(p_4,14.8)=14.9。$$

开料设备位置节点 p_3：

$$F_w(p_3,8.5)=\max\{F_w(p_4,14.5)\times0.95, F_w(p_4,14.8)\times0.96, F_w(p_4,14.6)\times0.97\}$$

$$=0.850; \quad F_c(p_3,8.5)=23;$$

$$F_w(p_3,8.6)=\max\{F_w(p_4,14.6)\times0.95, F_w(p_4,14.7)\times0.97\}$$

$$=0.841; \quad F_c(p_3,8.6)=22.2;$$

$$F_w(p_3,8.7)=\max\{F_w(p_4,14.7)\times0.95, F_w(p_4,14.8)\times0.97\}$$

$$=0.841; \quad F_c(p_3,8.7)=22.5;$$

$$F_w(p_3,8.8)=\max\{F_w(p_4,14.8)\times0.95\}=0.824; \quad F_c(p_3,8.8)=21.9。$$

取料设备位置节点 p_2：

$$F_w(p_2,6.5)=\max\{F_w(p_3,8.5)\times0.98\}=0.833; \quad F_c(p_2,6.5)=25.3;$$

$$F_w(p_2,6.6)=\max\{F_w(p_3,8.6)\times0.98\}=0.824; \quad F_c(p_2,6.6)=24.5;$$

$$F_w(p_2,6.7)=\max\{F_w(p_3,8.7)\times0.98\}=0.824; \quad F_c(p_2,6.7)=24.8;$$

$$F_w(p_2,6.8)=\max\{F_w(p_3,8.8)\times0.98\}=0.808; \quad F_c(p_2,6.8)=24.2。$$

冲压设计位置节点 p_1：

$$F_w(p_1,0)=\max\{F_w(p_2,6.5)\times0.98\}=0.816; \quad F_c(p_1,0)=34.5;$$

$$F_w(p_1,0.1)=\max\{F_w(p_2,6.6)\times0.98\}=0.808; \quad F_c(p_1,0.1)=33.7;$$

$F_w(p_1,0.2)=\max\{F_w(p_2,6.7)\times0.98\}=0.808$；$F_c(p_1,0.2)=34$；

$F_w(p_1,0.3)=\max\{F_w(p_2,6.8)\times0.98\}=0.792$；$F_c(p_1,0.3)=33.4$。

由 $F_w(p_1,0)=0.816$ 可知，冲压工艺逆向优化结束时所得到的生产质量最优，所花的加工费用 $F_c(p_1,0)$ 为 34.5。沿着 $F_w(p_1,0)=0.816$ 进行正向调度，则优化调度算法 WSOA 输出的最优调度路径 *Link* 为，冲压设计位置节点 p_1 从虚拟开始节点 B_0 的 0 时刻开始，选用虚拟过渡节点 t_B 进行设计所用时间为 0，所用累计加工时间为 0，所用累计加工费用为 0；取料设备位置节点 p_2 从位置节点 p_1 的 6.5 时刻开始，选用过渡节点 t_1 所映射的冲压设备 M_2 进行设计所用时间为 6.5，所用累计加工时间为 6.5，所用累计加工费用为 9.2；开料设备位置节点 p_3 从位置节点 p_2 的 8.5 时刻开始，选用过渡节点 t_2 所映射的冲压设备 M_1 进行设计所用时间为 2，所用累计加工时间为 8.5，所用累计加工费用为 11.5；拉伸设备位置节点 p_4 从位置节点 p_3 的 14.6 时刻开始，选用过渡节点 t_3 所映射的冲压设备 M_3 进行设计所用时间为 6.1，所用累计加工时间为 14.6，所用累计加工费用为 19.1；切边设备位置节点 p_5 从位置节点 p_4 的 16.6 时刻开始，选用过渡节点 t_4 所映射的冲压设备 M_2 进行设计所用时间为 2.0，所用累计加工时间为 16.6，所用累计加工费用为 21.6；冲孔设备位置节点 p_6 从位置节点 p_5 的 21.9 时刻开始，选用过渡节点 t_5 所映射的冲压设备 M_3 进行设计所用时间为 5.3，所用累计加工时间为 21.9，所用累计加工费用为 28.5；冲压设备位置节点 p_7 从位置节点 p_6 的 25 时刻开始，选用过渡节点 t_6 所映射的冲压设备 M_2 进行设计所用时间为 3.1，所用累计加工时间为 25，所用累计加工费用为 32.9；虚拟结束节点 E_0 从位置节点 p_7 的 26.1 时刻开始，选用虚拟过渡节点 t_7 所映射的冲压设备 M_2 完成冲压工艺的结束所用时间为 1.1，所用累计加工时间为 26.1，所用累计加工费用为 34.5。这一过程可表示为：

$$Link = B_0 \rightarrow p_1/t_{1M_2} \rightarrow p_2/t_{2M_1} \rightarrow p_3/t_{3M_3} \rightarrow p_4/t_{4M_2} \rightarrow p_5/t_{5M_3} \rightarrow p_6/t_{6M_2} \rightarrow p_7/t_{7M_2} \rightarrow E_0。$$

（2）不同优化调度算法比较分析

汽车制造供应链优化调度算法 WSOA 与传统单目标供应链优化调度算法的区别，在于基于时间最小的优化调度算法和基于生产质量最大的优化调度算法。根据表 5-1 至表 5-6 中的数据，分别使用这三种优化算法进行调度，可得出三种优化调度算法的对比图，如图 5-16 和图 5-17 所示。图 5-16 对比分析了每层位置节点调度时所使用的时间及最终生产质量；图 5-17 对比分析了三种调度算法输出的调度路径 *Link*。

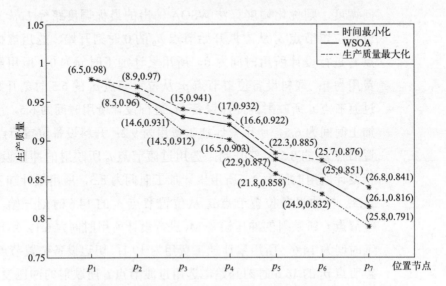

图 5-16　各位置节点 p_i 不同时刻 h_i 的生产质量及所用时间

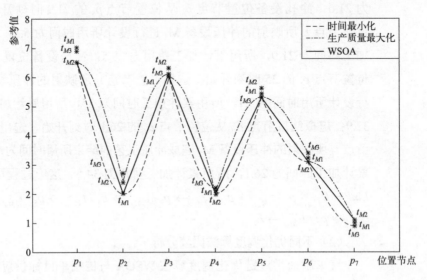

图 5-17　各算法优化调度输出的路径 *Link*

由图 5-16 可知，三种优化调度算法完成同一个汽车制造供应链冲压工艺，使用基于生产质量最大算法进行优化调度得到的生产质量最高，但由于不符合限制矢量 R 的要求而被舍弃。使用基于时间最小优化调度算法和优化算法 WSOA 进行优化调度后得到的最终生产质量分别为 $F_{w1}=0.791$ 和 $F_{w2}=0.816$。通过比较分析得出，算法 WSOA 较基于时间最小优化调度算法的优化效果提高率为 $K=(F_{w2}-F_{w1})/F_{w1}\times100\%=3.16\%$。因此，优化调度算法 WSOA 相较于传统单目标优化调度算法在优化效率上有所提高。

（3）优化调度算法性能分析

线性工作流图优化算法 WSOA 在不同的调度环境和因素下，所体现的优化性能有所不同。这里主要介绍不同位置节点和不同限制矢量 R 下算法 WSOA 的性能分析。

① 位置节点数目对优化调度算法性能的影响。工作流图用位置节点反映汽车制造工艺流程中各加工单位的关联情况，因此，不同的位置节点数势必影响优化调度算法 WSOA 的性能。将位置节点集合 P 中的节点数随机增至 5、10、15 至 20 后，每个位置节点 p_i 的过渡节点集合 T 所映射的节点数取区间 [2,5] 中的任意整数，将限制矢量 R 中最小完成时间分量 r_h 增加 10%，则得出不同位置节点数对基于时间最小优化调度算法和算法 WSOA 性能的影响情况，如图 5-18 所示。

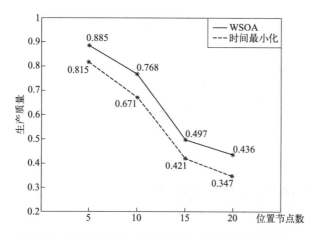

图 5-18　位置节点数对两种优化调度算法性能的影响

从图中可以发现，随着位置任务数目的增加，两种优化调度算法的生产质量均有所下降，但是优化调度算法 WSOA 较基于时间最小优化调度算法在最终最大生产质量 F_w 上有所提高，分别为 8.59%,14.5%, 18.1%,25.6%。

② 不同限制矢量 R 对算法 WSOA 性能的影响。工程限制矢量 R 中分量 r_h 确定了生产调度的最迟完成时间，按照一般生产规律，完成时间 r_h 越长，生产质量 F_w 越高，所消耗的生产费用 F_c 越高。将位置节点集合 P 中的节点数随机增至 10 和 20 后，每个位置节点 p_i 的过渡节点集合 T 所映射的节点数取区间 [2,5] 中的任意整数，将限制矢量 R 中最小完成时间分量 r_h 增加 5%、10%、15%、20%，则得出不同限制矢量 R 对优化调度算法 WSOA 性能的影响，如图 5-19 所示。

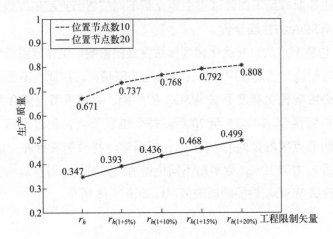

图 5-19　限制矢量 R 对算法 WSOA 性能的影响

从图中可以发现，随着限制矢量 R 中分量 r_h 的增大，算法 WSOA 优化调度后的生产质量显著提高。

5.3
决策树虚拟工作流优化调度算法

将决策树模型、工作流模型与虚拟技术相结合，可生成决策树虚拟工作流模型，从而应用在智能制造系统数字孪生有约束特殊生产流程的优化调度过程中。

5.3.1 决策树虚拟工作流相关定义

① 间接路径 $<p_i, p_j>$。在工作流中，如果某节点与后续节点的集合中存在非直接相连的有向路径，则当前节点和后续任务节点能够直接连接的路径为间接路径，记为 $<p_i, p_j>$。

② 间接约束关系。构成间接路径的前后任务之间的约束关系称为间接约束关系。

③ 虚拟节点 p_i'。虚拟节点 $p_i'=p[i, j]$ 表示系统中存在多个可以进行重构的具有非线性关系的节点，可将其进行重组。因此，$p_i'= p[i, j]$ 可表示为由相邻节点 p_i 和 p_j 重新组合后的虚拟节点，虚拟节点集 P' 表示由虚拟节点构成的集合。

④ 虚拟工作流 $XN(M, S, P', T', E, In, Out)$。式中，$M$ 为生产节点的初始工作流；S 是虚拟重构过程中根据实际生产需要设置的质量检查站点，可以表示为 $S=(S_1, S_2, \cdots, S_n)$，$n$ 为质量检查站点的编码；E 为生产流程间的逻辑关系，要求任务 p_i 在所有前驱节点结束后才能开始，P' 为若干个任务重构形成的虚拟节点集，记为 $P'=(p_1', p_2', \cdots, p_i', \cdots, p_n')$；$In$ 和 Out 代表任务出入度的数量集合。

⑤ 虚拟节点工作流图。将其定义为 $XNT(XN, E)$，$XNG=(S, XN, XNT)$，表示生产虚拟节点工作流模型，是包含服务资源集 S、虚拟工作流 XN 及虚拟工作流图 XNT 的优化调度图。

⑥ 异路径 N-route。在虚拟节点域 XNT 构建中，节点 p_i 与其他相邻节点 p_j 重构形成虚拟节点，但是节点 p_i 存在多条出度，即节点 p_i 的出度不唯一，其余出度边可以和剩余节点 p_n 进行重构。因此将节点 p_i 和 p_n 构成的路径称为异路径，用 N-route$_{pi}$ 表示，其中，p_i、p_j 和 p_n 不是同一节点。

⑦ 最优路径 R_m。即经过算法计算后得出的最优生产路径，由虚拟节点和相关服务参数组成，可定义为 $R_m(P', N)$：P' 是组成最优路径的虚

拟任务节点集。N 是 R_m 在虚拟化过程中虚拟任务节点各类参数的累加和，记为 $N=(n_1, n_2, \cdots, n_n)$，$n$ 为集合 P' 的节点数；n_i 对应节点 $p_i(p_i \in P')$ 各类参数的累加和，记为 $n_i=(n_{it}, n_{iq}, n_{ic})$，$n_{it}$ 为节点的生产时间，n_{iq} 为生产准确率，n_{ic} 为生产执行成本。

5.3.2 剪枝策略

在计算和优化过程中，剪枝策略是一种通过排除无效搜索空间或分支，减少计算量和提高求解效率的技术。剪枝策略通常应用于搜索算法和决策树等领域，通过预先判断某些分支或搜索路径无效与否，避免对这些无效分支进行进一步计算或搜索，从而减少搜索空间的规模，降低计算复杂度，并快速找到问题的解或近似解。

在有向无环工作流图中，任务节点之间存在相互制约关系。在初始有序集合中，每个任务节点对应若干后续节点，通过遍历生成后续任务集合 $map=\{p_1, p_2, \cdots, p_n\}$，按照初始次序循环查找每个节点的出度数 Out_{p_i}，当 Out_{p_i} 的值小于等于 1 时，则当前任务节点只有唯一的后续任务，任务节点间不存在间接路径，故不作处理，输出到有序集合 S_{out} 中；当 Out_{p_i} 的值大于 1 时，循环遍历当前任务后续节点集合中每一个任务的后续集合，如 $map_i=\{p_x, p_y\}$ 存在与 map_x 和 map_y 相同的任务节点 p_m，则任务 p_i 和任务节点 p_m 存在间接路径，记为 $<p_i, p_m>$，删除间接路径并将 p_i 加入有序集合中，重复操作直至任务节点不存在间接路径。

若某生产工艺工作流如图 5-20 所示，根据前后约束关系和剪枝策略可知，该生产流程存在间接路径，即图中红色虚线表示的路径：$<p_1, p_3>$，$<p_4, p_6>$，$<p_6, p_9>$。

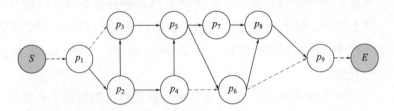

图 5-20　初始生产工艺工作流图

根据剪枝策略，对存在间接约束关系的工作流路径进行剪枝操作，分别将 p_1 和 p_3、p_4 和 p_6 以及 p_6 和 p_9 节点间的路径进行删除和优化操作，处理后的节点间不存在间接约束关系。因此，剪枝后的工作流图如图 5-21 所示。

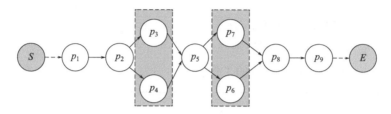

图 5-21　剪枝后的生产工艺工作流图

5.3.3　剪枝算法描述

剪枝策略通常根据问题的特性和约束条件，通过一些启发式规则或条件来判断某些分支的可行性，一旦某个分支或搜索路径无效，就可以立即停止对该分支的计算或搜索，从而节省计算资源和时间。因此，在面对复杂的智能生产工作流程时，可以采用剪枝策略对工作流图中存在的间接或者无效路径进行剪枝处理，从而达到简化生产流程的目的。

采用剪枝策略，对工作流图逐步进行修剪操作，然后输出剪枝后的工作流图，具体步骤如下：

① 输入任务集 $P=\{p_1, p_2, \cdots, p_m\}$ 遍历得到的前驱集合 Map、Out 集合。

② 循环遍历集合，如果当前任务节点的出度为 0 或者为 1，不作处理，输出到有序集合 S_{out} 中，继续遍历集合。

③ 如果当前任务存在出度为大于 1 的任务节点，循环遍历该节点 $map_i = \{p_x, \cdots, p_y\}$ 中所有任务的 map 集合 $\{map_x, \cdots, map_y\}$，生成新的集合 $map_i' = \{map_x, \cdots, map_y\}$。

④ 如果 map_i 中存在与 map_i' 相同的任务节点 p_m，则将 p_i 和 p_m 存在的间接路径记为 $<p_i, p_m>$，在工作流图中删除间接路径 $<p_i, p_m>$，并更新

节点的出入度集合，生成新的工作流图。

⑤ 如果不存在相同的任务节点集合，则将其输出至有序集合 S_{out} 中。

⑥ 输出剪枝后的工作流图，同时更新初始工作流图。

根据剪枝策略，剪枝算法 WPA(Workflow Pruning Algorithm) 的伪代码如下：

INPUT: 任务集 $P=\{p_1, p_2,...,p_m\}$，遍历得到的前驱任务集合 Map、Out 集合，初始工作流图；

OUTPUT: 更新后的工作流图。

```
While (i = 1; i ≤ n; i++) do{
If (Out_pi =1 or Out_pi =0 ) Then{
        Output to the ordered set S_out; }
Else If (Out_pi > 1) Then{
        foreach the map set map_x,···map_y of all tasks in
        map_i =( p_x,···p_y), generate a new set map_i ' = ( map_x,···map_y);
        If (map_i exists with the same task node p_m as map_i' )Then{
                the existence of indirect paths between p_i and p_m is
                noted as <p_i, p_m>;
                Delete <p_i, p_m> from DAG;}}
Else {Output to the ordered set S_out }}.
```

经分析，该算法 WPA 的时间复杂度为 $O(m \times n)$。

5.3.4 虚拟分层算法描述

通过剪枝后的工作流图，对工作流节点进行分类，将是否存在依赖关系进行组合，输出虚拟工作流图 XNT。虚拟分层算法 VLA(Virtual Layering Algorithm) 的伪代码如下：

INPUT: 剪枝后的工作流图 , P, S', P', P_m', In, Out ；

OUTPUT: 虚拟工作流 XN，虚拟工作流图 XNT ；

```
Initialize P', P_m' as empty;
Combine pruned workflow graph, P, and P' to construct model M;
Foreach task in P, calculate freedom degree and store in HSY(i);
Traverse M from start node S, add tasks with access degree > 1 to List;
While (List is not null and there is a task in List with Out! = 1) do{
```

```
            Fetch first task p_i with Out > 1;
            In List, find p_j with smallest In distance from p_i;
            Identify service nodes s_i between tasks;
            Virtualize p_i and p_j into p_i'= p[i, j], add to P';
            Add service selection to P_M'};
    If (N-route in P') Then {delete virtual nodes p_i';
                                    revert to original}
        Else update P';
    If (P' not empty) Then loop
        Else mark and output;
    Foreach p_i' = p[i, j] in P' and XN do{record HSY'(i) into M;
    construct XNT with directed edges from p_i to p_j};
    Return XNT.
```

经分析，该算法 VLA 的时间复杂度约为 $O(n)$。

5.3.5　虚拟分层工作流剪枝算法 DVSP 描述

虚拟分层多目标工作流优化算法的主要思想是利用剪枝策略处理非线性生产过程中的多目标优化问题。首先，分析任务间的逻辑顺序关系，运用动态剪枝策略消除任务间的间接约束关系。其次，通过虚拟分层策略判断任务的层序关系，分阶段划分任务节点集，并利用虚拟化技术生成虚拟节点和虚拟工作流图，分阶段通过逆向归约计算阶段最优服务节点集。最后，通过算法整合求取全局最优解，正向调度生成任务最优路径。

构建的初始工作流模型中共有 n 个任务，$f_q(p_i, t)$ 表示在时间为 t 时节点 p_i 能够达到的最优生产准确率，$f_c(p_i, t)$ 表示节点 p_i 的累计成本，q_{ij} 表示在节点 p_i 选取第 j 个服务的质量参数，计算公式如下：

$$
\begin{cases}
f_q\left(p_i, t_i\right) = \max\left\{q_{ij}\right\}, i = n, 0 < j \leqslant n \\
\quad t \in HXY(p_i), t_i + t_{i-1} \leqslant R_t \\
f_c\left(p_i, t_i\right) = \max\left\{c_{ij}\right\}, i = n, 0 < j \leqslant n \\
\quad t \in HXY(p_i), c_i + c_{i-1} \leqslant R_c
\end{cases}
\tag{5-3}
$$

由式（5-3）反推可得到式（5-4），其中，$f_q'(p_i, t_i)$ 和 $f_c'(p_i, c_i)$ 表示在给定时间约束 $HXY(p_i)$ 内可达到的最大质量和最小累计成本。

$$\begin{cases} f'_q\left(p_{i-1}, t_{i-1}\right) = \max\left\{f_q\left(p_i, t_i + t_{i-1}\right) \cdot q_{i-1j}\right\} \\ \qquad t \in HXY(p_i) \quad q_i \cdot q_{i-1} > R_q \\ f'_c\left(p_{i-1}, t_{i-1}\right) = \min\left\{f_c\left(p_i, t_i + t_{i-1}\right) + c_{i-1j}\right\} \\ \qquad t \in HXY(p_i) \quad c_i + c_{i-1} \leqslant R_c \end{cases} \qquad (5\text{-}4)$$

在剪枝和分层策略的基础上建立工作流模型，经过逆向迭代计算，可输出最优的调度路径。DVSP 算法的步骤如下：

阶段 1 为初始数据处理阶段。根据虚拟分层剪枝后的工作流图、限制约束条件 $R=(R_t, R_q, R_c)$ 以及虚拟工作流图 XNT 构建工作流模型。

阶段 2 为数据预处理阶段。利用公式（5-3）和（5-4）得出任务节点 P_0 在节点自由度 $HSY(p_0)$ 内的 $f_q(p_0, t_0)$。

阶段 3 为任务虚拟化处理阶段。分析模型 XNG，若节点不存在 $N\text{-}route$，则节点 p_i 在任务执行域 $HSY'(i)$ 内使用逆向归约迭代计算，并标记每个时刻的 $f_q(p_i, t_{pi})$。

阶段 4 为任务排序阶段。若节点在 $N\text{-}route$ 中，则首先计算异路径 $N\text{-}route$ 的执行域 $HSY'(i)$，然后串行计算并标记该行域 $HSY'(i)$ 下任务节点 p_i 在不同时间的 $f_q(p_i, t_{pi})$。

阶段 5 为任务调度阶段。通过正向调度寻找满足限制约束条件 $R=(R_t, R_q, R_c)$ 的任务节点集合 P，同时输出优化后的生产流程最优路径 R_m。

综上所述，DVSP 算法的伪代码如下：

INPUT: 虚拟分层剪枝后的工作流图，限制约束条件 $R=(R_t, R_q, R_c)$，虚拟工作流图 XNT；

OUTPUT: 生产准确率 Q 以及相关参数集合，最优路径 R_m；

```
For (int i = P.length; i <= 0; i--) do{
For(int j = i−1; j--)Scan(XNT) do {
  Using Equations (5-3) and (5-4) to derive f_q(p_0, t_0) and f_q(p_i, c_i) for task
  node P_0 within its nodal degrees of freedom HSY_(p0)}} ;
For (int i = P.length; i >= 1; i--) do{
If (p_i in N-route) Then{
  Iteratively calculate and label the f_q(p_i, t_i) and f_q(p_i, c_i)of the
  node p_i within the task execution domain HSY′   (i) using inverse reduction;}}
```

```
Else{
    If (the node is not in the wrong path) Then calculate f_q(p_i, t_i) and f_q(p_i, c_i) for
    node p_i in its task execution domain HSY'(i) by inverse reductive iteration}};
The set of task nodes P that satisfy the constraints R = (R_t, R_q, R_c) is found
by forward scheduling;
Return Optimization path R_m of the production process.
```

经分析，该算法 DVSP 的时间复杂度为 $O(m×n)$。

5.3.6　算法 DVSP 验证

某汽车制造企业的焊接生产过程由三个流程组成，每个流程包含一条生产线和若干个生产设备和生产平台，每条生产线上存在若干个生产步骤和生产准确率检测站点。该汽车生产企业的焊接生产过程任务节点及含义如表 5-7 所示。

表5-7　某汽车生产企业焊接生产流程的任务节点及含义

任务节点	节点含义	任务节点	节点含义
p_1	原材料检验	p_{14}	车侧焊接检测
p_2	冲压加工	p_{15}	车围焊接
p_3	开料加工	p_{16}	车顶集成焊装
p_4	材料拉伸	p_{17}	车身整体焊装
p_5	材料切边	p_{18}	焊接预检测
p_6	冲孔加工	p_{19}	涂装预处理
p_7	精修加工	p_{20}	喷底
p_8	车间预检测	p_{21}	涂胶
p_9	冲压成品包装	p_{22}	电泳抛光
p_{10}	焊装取料	p_{23}	涂色漆
p_{11}	车门焊接	p_{24}	涂清漆
p_{12}	车盖集成焊接	s_1	检测点 1
p_{13}	车身集成焊接	s_2	检测点 2

该汽车生产企业的初始生产工作流如图 5-22 所示，其中，每个任务节点包括若干个生产设备和平台，即每个任务存在若干个服务资源，当前生产流程生产出的半成品只有通过检测点的质量检测才能进入下一步骤，否则需要进行二次返工生产。图中虚拟节点 S 表示该生产流程的开始节点，虚拟节点 E 表示整体生产流程的结束节点。

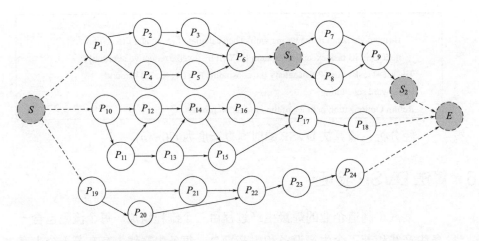

图 5-22　初始生产工作流图

在实际生产过程中，任务节点之间存在约束关系，即只有完成当前任务才能进行后续任务。根据虚拟分层策略，可对工作流进行分层处理，将 p_1 到 p_9 作为一个生产层序，p_{10} 到 p_{18} 作为第二个生产层序，p_{19} 到 p_{23} 为第三个生产层序。经过虚拟分层策略处理后的生产关系如图5-23所示。

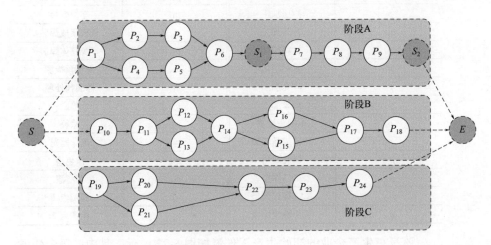

图 5-23　虚拟分层后的生产工作流图

这里选取节点 p_1 至 p_9 作为主要研究对象。根据某汽车制造企业的实际生产流程特点，将图5-23中阶段A的生产流程抽象为两个优化区间 A 和 B，将区间 A 的交货日期设置为 $R_{t1}=18$ 工时，将区间 B 的交货

日期设置为 R_{t2}=15 工时。为了保证总体生产准确率，在每个区间内，设置相关生产参数的检测站。根据实际生产数据可知，监测站 S_1 阈值设置为 β_{q1}=0.910，β_{c1}=8.0 万元；监测站 S_2 阈值设置为 β_{q2}=0.935，β_{c2}=5.0 万元，即当 p_6 和 p_9 生产的物质流转换到检测站时，若此时的 $f_q(p_i, t_{pi})$ 不满足生产参数，则需要反馈至前置生产节点进行再次处理。经过统计发现，再次返工的生产时间增加 4 工时，成本增加 2 万，实际生产限制条件 R 为：R_t=33 工时，R_q=92%，R_c=13.0 万元。具体的任务节点参数集 s 如表 5-8 所示。

表5-8 部分抽象化生产工作流程数据

任务 p_i	加工层	工作时间 t/ 工时			执行成本 c/ 万元			生产质量 q/1		
资源	工序	(s_1)	(s_2)	(s_3)	(s_1)	(s_2)	(s_3)	(s_1)	(s_2)	(s_3)
p_1	A	2	—	—	0.3	—	—	0.98	—	—
p_2	A	2	4	7	0.6	1.2	1.4	0.94	0.95	0.96
p_3	A	2	5	—	0.6	1.5	—	0.95	0.96	—
p_4	A	4	—	—	1.2	—	—	0.95	—	—
p_5	A	2	5	6	0.4	1.5	1.8	0.93	0.95	0.96
p_6	A	3	—	—	0.9	—	—	0.95	—	—
p_7	A	2	7	—	0.6	1.4	—	0.92	0.95	—
p_8	A	3	4	6	0.9	1.2	1.8	0.91	0.93	0.94
p_9	B	2	4	—	0.4	1.2	—	0.92	0.95	—
p_{10}	B	1	3	—	0.3	0.5	—	0.91	0.94	—
p_{11}	B	2	3	—	0.6	0.8	—	0.98	0.94	—
p_{12}	B	1	2	—	0.1	0.2	—	0.91	0.94	—
p_{13}	B	3	6	—	0.3	0.4	—	0.94	0.97	—
p_{14}	B	2	5	6	0.2	0.5	0.6	0.93	0.95	0.96
p_{15}	B	2	4	—	0.3	0.3	—	0.95	0.96	—
p_{16}	B	3	—	—	0.2	—	—	0.93	—	—
p_{17}	B	2	4	7	0.2	0.3	0.2	0.94	0.95	0.96
p_{18}	C	2	5	—	0.3	0.4	—	0.95	0.96	—
p_{19}	C	2	7	—	0.3	0.7	—	0.92	0.95	—
p_{20}	C	2	5	6	0.2	0.5	0.6	0.93	0.95	0.96
p_{21}	C	3	—	—	0.3	—	—	0.95	—	—
p_{22}	C	1	2	—	0.1	0.2	—	0.91	0.94	—
p_{23}	C	2	3	—	0.2	0.3	—	0.98	0.94	—
p_{24}	C	2	—	—	0.1	—	—	0.98	—	—

首先，将任务集合和服务资源集合通过映射生成带有参数的工作流图，将任务节点的相关服务参数集加入工作流图，同时对工作区的任务节点进行剪枝处理，生成剪枝后的工作流图。其次，对部分节点通过虚拟分层策略进行虚拟化处理，经过预处理后生成可以调度的虚拟工作流图，并在所给的服务资源集合中选取适当的服务资源，生成优化目标的调度路径，经过算法将调度路径形成可以满足实际车间生产的调度方案。最后，在调度方案中选择约束条件下的最优调度策略。DVSP 算法的整体工作流模型如图 5-24 所示。

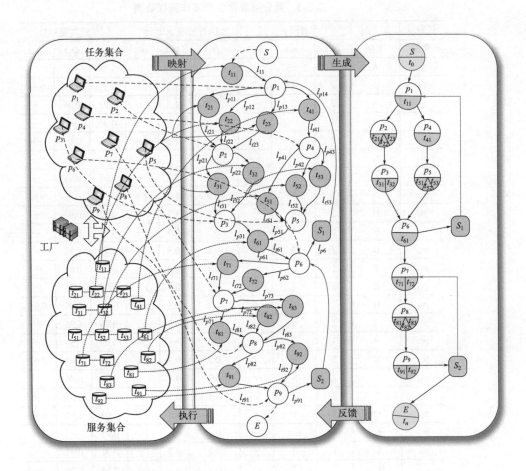

图 5-24　DVSP 算法的工作流模型

对于工作区间 A，设置交货截止期为 15 工时，经过分析，区间节点符合虚拟重构要求且不存在 N-route。在工作区间 A 中，将任务 p_2 和 p_3 合并为虚拟节点 $p_{[2-3]}$，将任务 p_4 和 p_5 合并为虚拟节点 $p_{[4-5]}$，工作区间节点执行域为 $HSY(p_1)$= [0, 7]、$HSY(p_{[2-3]})$=[2,9]、$HSY(p_{[4-5]})$=[2,9]、$HSY(p_6)$=[8,15]。工作区间 A 中各生产任务节点的计算过程如表 5-9 所示。

表5-9 工作区间A部分执行过程

任务	质量 $f_q(p_i, t)$ 和成本 $f_c(p_i, t)$
P_6	$f_q(p_6,15) = \max\{0.95\} = 0.95$; $f_c = 0.9$ $f_q(p_6,14) = \max\{0.95\} = 0.95$; $f_c = 0.9$ ... $f_q(p_6,8) = \max\{0.95\} = 0.95$; $f_c = 0.9$
$P_{[4-5]}$	$f_q(p_{[4-5]},9) = \max\{f_q(p_6,15) \times 0.93 \times 0.95\} = 0.839$; $f_c = 2.5$ $f_q(p_{[4-5]},8) = \max\{f_q(p_6,14) \times 0.93 \times 0.95\} = 0.839$; $f_c = 2.5$ ... $f_q(p_{[4-5]},4) = \max\{f_q(p_6,10)0.96 \times 0.95), 0.839, 0.857\} = 0.866$; $f_c = 3.9$ $f_q(p_{[4-5]},3) = \max\{f_q(p_6,9)0.96 \times 0.95), 0.839, 0.857\} = 0.866$; $f_c = 3.9$ $f_q(p_{[4-5]},2) = \max\{f_q(p_6,8)0.96 \times 0.95), 0.857\} = 0.866$; $f_c = 3.9$
$P_{[2-3]}$	$f_q(p_{[2-3]},9) = \max\{f_q(p_6,15)0.95 \times 0.95\} = 0.857$; $f_c = 2.7$ $f_q(p_{[2-3]},6) = \max\{f_q(p_6,12)0.95 \times 0.96\} = 0.866$; $f_c = 2.7$ ... $f_q(p_{[2-3]},4) = \max\{f_q(p_6,10)0.95 \times 0.96, 0.85\} = 0.866$; $f_c = 2.9$ $f_q(p_{[2-3]},3) = \max\{f_q(p_6,9)0.96 \times 0.97, 0.866, 0.857\} = 0.876$; $f_c = 3.8$ $f_q(p_{[2-3]},2) = \max\{f_q(p_6,8)0.96 \times 0.97, 0.866\} = 0.876$; $f_c = 3.8$
P_1	$f_q(p_1,7) = \max\{f_q(p_{[2-5]},9) \times 0.98\} = 0.705$; $f_c = 5.5$ $f_q(p_1,6) = \max\{f_q(p_{[2-5]},8) \times 0.98\} = 0.705$; $f_c = 5.5$ $f_q(p_1,5) = \max\{f_q(p_{[2-5]},7) \times 0.98\} = 0.705$; $f_c = 5.5$ $f_q(p_1,4) = \max\{f_q(p_{[2-5]},6) \times 0.98\} = 0.727$; $f_c = 6.8$ ... $f_q(p_1,2) = \max\{f_q(p_{[2-5]},4) \times 0.98\} = 0.736$; $f_c = 7.1$ $f_q(p_1,1) = \max\{f_q(p_{[2-5]},3) \times 0.98\} = 0.744$; $f_c = 8.0$ $f_q(p_1,0) = \max\{f_q(p_{[2-5]},2) \times 0.98\} = 0.744$; $f_c = 8.0$

由上述过程可知，区间 A 经过逆向归约迭代计算 p_1 的 $f_q(p_1, 0)$ 到 $f_q(p_1, 7)$，所用生产时间集合为 {15, 16, 15, 15, 14, 11, 11, 11}，生产准确率集合为 {0.744, 0.744, 0.736, 0.736, 0.727, 0.705, 0.705, 0.705}，生产成

本集合为 {8.0, 8.0, 7.1, 7.1, 6.8, 5.5, 5.5, 5.5}。在区间 A 中，节点 p_6 结束后需要经过 S_1 检测站的检测，其中，$\beta_{q1}=0.910$，$\beta_{c1}=8$ 万元。对比可知，各个路径质量均不满足检测站的要求，即 $f_q<\beta_q$，需要重新反馈至 p_1，进行再加工处理。经过反馈处理后，生产时间集变为 {19, 20, 19, 19, 18, 15, 15, 15}，其中，$f(p_1, 0)$ 至 $f(p_1, 3)$ 路径因为超出时间限制而被淘汰，其余路径再加工后，f_q 分别为：$f_q(p_1,4)= 0.727+0.727\times(1-0.727)=0.926$、$f_q(p_1,5)= f_q(p_1,7)=0.705+0.705\times(1-0.705)=0.913$。比较次要影响因素后可知，$f(p_1,4)$ 路径的生产时间较短，同时积累的生产准确率最高，因此，当前阶段帕累托最优解集为：$f_q(p_1,4)=0.926$，$f_t(p_1,4)=18$ 工时，$f_c(p_1,4)=7.8$ 万元。正向调度区间 A 的阶段最优路径为 $R_A=\{S, p_1(t_{11}), p_{[2-5]}(t_{23}, t_{32}, t_{41}, t_{52}), p_6(t_{61})\}$。

区间 B 是区间 A 的后续工作流程，该区间的截止期为 15，经过分析，区间 B 符合虚拟重构要求且不存在 $N\text{-}route$，相应的 $HSY(p_7)=[0,8]$，$HSY(p_8)=[2,10]$，$HSY(p_9)=[5,13]$。任务节点 p_9 的计算过程如表 5-10 所示。

表5-10 工作区间B部分执行过程

任务 p_i	质量 $f_q(p_i, t)$ 和成本 $f_c(p_i, t)$
P_9	$f_q(p_9,13) = \max\{0.92\} = 0.92$；$f_c=0.6$ $f_q(p_9,12) = \max\{0.92\} = 0.92$；$f_c=0.6$ $f_q(p_9,11) = \max\{0.92, 0.95\} = 0.95$；$f_c=1.2$ ... $f_q(p_9,5) = \max\{0.92, 0.95\} = 0.95$；$f_c=1.2$
P_8	$f_q(p_8,10) = \max\{f_q(p_9,13)\times0.91\} = 0.837$；$f_c=1.5$ $f_q(p_8,7) = \max\{f_q(p_9,11)\times0.93\} = 0.884$；$f_c=1.8$ $f_q(p_8,6) = \max\{0.884, f_q(p_9,12)\} = 0.884$；$f_c=2.1$ ... $f_q(p_8,2) = \max\{f_q(p_9,8)\times0.94\} = 0.893$；$f_c=4.0$
P_7	$f_q(p_7,8) = \max\{f_q(p_8,10)\times0.92\} = 0.770$；$f_c=2.1$ $f_q(p_7,7) = \max\{f_q(p_8,9)\times0.92\} = 0.788$；$f_c=2.4$ $f_q(p_7,6) = \max\{f_q(p_8,8)\times0.92\} = 0.796$；$f_c=2.7$ ... $f_q(p_7,2) = \max\{f_q(p_8,4)\times0.92, f_q(p_8,9)\times0.95\} = 0.822$；$f_c=3.2$ $f_q(p_7,1) = \max\{f_q(p_8,3)\times0.92 f_q(p_8,8)\times0.95\} = 0.822$；$f_c=4.5$ $f_q(p_7,0) = \max\{f_q(p_8,2)\times0.92 f_q(p_8,7)\times0.95\} = 0.840$；$f_c=5.4$

由于区间 B 是区间 A 的后续工作流程，因此，在区间 A 的基础上对区间 B 逆向递归计算 $f_q(p_7, 0)$ 至 $f_q(p_7, 7)$，所用生产时间集合为 {13, 12, 13, 12, 10, 10, 9, 8, 7}，生产准确率集合为 {0.778, 0.761, 0.761, 0.761, 0.753, 0.753, 0.737, 0.730, 0.713}，生产成本集合为 {5.4, 4.5, 3.2, 2.9, 3.0, 3.0, 2.7, 2.4, 2.1}。节点 p_9 结束后需要经过 S_2 检测站的检测，其中，β_{q_2}=0.935，β_{c_2}=5.0 万元，经过质量检测后，均不满足生产条件，即 $f_q<S_2$，重新反馈至 p_7 再加工处理后，生产时间变为 {17, 16, 17, 16, 14, 14, 13, 12, 11}，满足时间限制的包括 $f_q(p_7, 4)$ 至 $f_q(p_7, 8)$。通过计算可得质量集为 {0.939, 0.939, 0.937, 0.927, 0.918}，生产成本集为 {7.4, 6.5, 5.2, 4.9, 5.0, 5.0, 4.7, 4.4, 4.1}。服务集中存在质量相同的一组，根据帕累托最优规则，优先选择累积生产准确率最高的解集。因此，当前阶段帕累托最优解集为：$f_q(p_7, 4)$=0.939、$f_t(p_7, 4)$=14 工时、$f_c(p_7, 4)$=5.0 万元。正向分析区间 B 的最佳优化路径为 $R_B=\{ p_7(t_{71}), p_8(t_{82}), p_9(t_{92}), E \}$。

根据 DVSP 算法，将区间 A 和 B 采用阶段累积的方法求得全局 Pareto 最优生产参数解集。在满足总时间约束的条件下，全局 Pareto 最优解集为 $Rm=R_A+R_B=\{ S, p_1(t_{11}), p_{[2-5]}(t_{23}, t_{32}, t_{41}, t_{52}), p_6(t_{61}), p_7(t_{71}), p_8(t_{82}), p_9(t_{92}), E \}$。最终累计生产准确率 $f_q(S\text{-}E)$=0.939，累积时间 $f_t(S\text{-}E)$=18+14=32 工时，累积成本为 $f_c(S\text{-}E)$=7.8+5.0=12.8（万元）。

5.3.7 算法 DVSP 分析

将以上生产流程的相同参数集和限制约束条件使用最小关键路径算法 MCP 和部分关键路径预算平衡调度算法 PCP-B2 进行调度，其中，PCP-B2 算法是根据部分关键路径并行结构特点提出的一种基于 PCP-wise 预算分配机制来平衡预算的方法，通过采用二分查找方法实现资源预算分配，在预分配的基础上增加部分调度机制，进一步调整预算分配。为了方便分析算法的优化效果，结合生产企业的实际需要，这里主要选取任务数目、交货日期和执行成本三个影响因素进行介绍。

5.3.7.1 DVSP算法性能分析

在相同的数据集和相同的交付期限下，当任务数量较少时，DVSP、MCP、POP-B2这三种算法的性能表现均较好，但是随着任务规模的增大，需要调度的任务数量和操作复杂度也随之增加，算法整体执行性能呈现下降趋势。三种算法的生产准确率变化对比如图5-25所示。从图中可以看出，MCP算法的前期执行效率较为高，随着任务规模的增加，MCP算法的执行性能下降幅度过大，因此不适合调度复杂的生产过程。随着任务数的增加，PCP-B2算法的变化趋势较为平稳，整体的执行性能较为稳定，前期任务数较少时执行效率较低，当任务数为6时，该算法准确率超过MCP算法，因此，PCP-B2算法适合生产流程较复杂的调度环境。随着任务规模的增大，DVSP算法的准确率一直处于较高水平，整体寻优能力和执行性能较好，而且DVSP算法对生产准确率的提升明显优于MCP算法和PCP-B2算法。

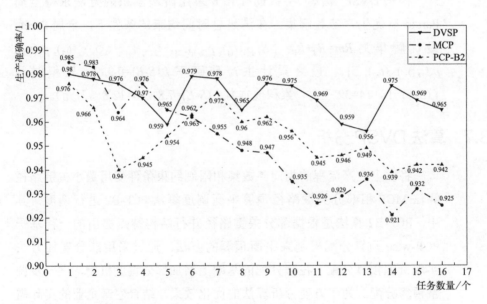

图 5-25 三种算法效果对比图

在实验仿真环境中，DVSP 算法的生产准确率始终高于其他两种算法。由于供应链企业生产的产品数量较多，生产准确率和时间的细微优化都会对整个企业的成本产生较大的影响。

通过实验结果可知，在满足交货限制日期 R_t 的基础上，DVSP 算法在优化多个生产参数方面优于 MCP 算法和 PCP-B2 算法，生产准确率平均提高 8.9%，交货期平均缩短 9.8%，执行成本平均减少 12.3%。不同算法的对比结果如表 5-11 所示。

表5-11　不同算法的对比结果

算法	区间 A			区间 B			总区间		
	f_q	f_t	f_c	f_q	f_t	f_c	f_q	f_t	f_c
MCP	0.925	20	8.1	0.825	17	5.5	0.809	33	15.6
NSGA-Ⅱ	0.882	19	8.2	0.910	15	4.7	0.802	32	12.9
PCP-B2	0.912	18	9.0	0.923	16	5.3	0.841	33	14.3
DVSP	0.926	17	7.8	0.939	14	5.0	0.869	31	12.8

5.3.7.2　影响算法性能的因素分析

经过研究和分析发现，影响供应链调度算法的主要因素为检测站的数量 S_m、限制约束时间 R_t 和任务节点数目 $Nodes$ 等。

（1）检测站数量对算法准确率的影响

为了研究不同算法受检测站数量的影响情况，选取检测站数量集合 S_m 为 {1, 2, 3, 4, 5, 6, 7, 8, 9}。检测站数量对生产准确率的影响如图 5-26 所示。从图中可以看出，基于质量最大化算法的生产准确率最高，但是随着任务规模的增加，其生产时间超过规定的交货限制日期，因此此算法不被采用。DVSP 算法和 PCP-B2 算法的准确率随着检测站数量的增加而逐渐提高，但 DVSP 算法生产准确率提升的速度更快，整体的准确率和提高速度高于 PCP-B2 算法。因此，在满足交货限制日期和在不同规模的工作流条件下，DVSP 算法的生产准确率与执行时间的优化效果要好于其他两种算法，并且提升效果更优。

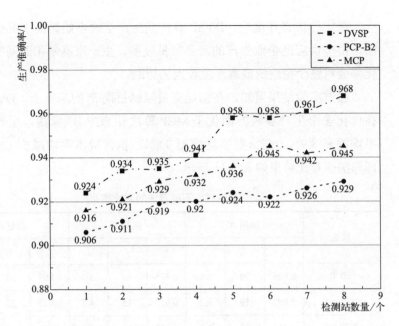

图 5-26　检测站数量对生产准确率影响对比图

（2）限制约束时间条件 R_t 对算法的影响

不同交货限制日期 R_t 对算法准确率的影响如图 5-27 所示。根据实际生产变化情况，这里分别选取集合为 {(1+5%), (1+10%), (1+15%), (1+20%), (1+25%), (1+30%)} 的交货限制日期作为影响因子，同时选取 10、15 和 20 个任务数量作为对照组。从图 5-27 中可知，算法 DVSP 的执行性能随着交货限制日期和任务数量的变化而波动，在满足交货限制日期 R_t 的基础上，任务数量越多，算法的准确率越低；在相同的任务数量下，交货限制日期越长，生产准确率提升越明显。

（3）任务节点数目对算法的影响

根据算法受不同任务数目 P 的影响情况，在前面实验的基础上分别选取 2～40 个任务数目作为变化因子研究其对三种算法的影响情况。

DVSP 算法、PCP-B2 算法和 MCP 算法的准确率随着任务数目变化的波动情况如图 5-28 所示。从图中可知，PCP-B2 和 MCP 算法的执行准确率受任务数目的影响较大，在满足交货限制日期 R_t 的基础上，随着任务数的增加，算法的准确率逐渐降低。DVSP 算法的波动幅度小于另外两种算法，整体优化效果高于另外两种算法。

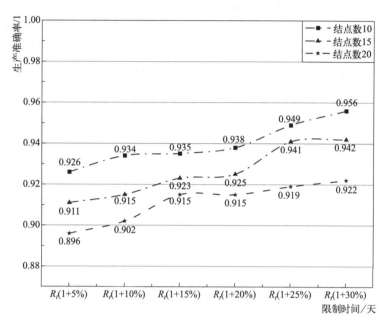

图 5-27　限制时间对算法准确率影响对比图

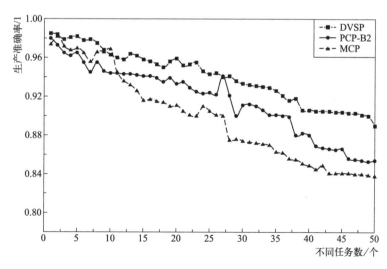

图 5-28　生产节点数目对准确率影响对比图

本章小结

　　智能制造系统中线性工艺流程所对应的数字孪生模型难以优化调度，为解决此类问题，本章重点阐述了线性工作流模型、决策树虚拟工作流模型等技术的相关定义，并结合某汽车制造企业的具体情况介绍了这些模型的建模算法 WPA 和 VLA、优化调度算法 WSOA 和 DVSP，以及这些算法的开发策略及伪代码。此外，本章还针对汽车制造过程中相关线性流程的特点进行了线性工作流及决策树虚拟工作流模型的建立及验证，根据典型流程通常情况下产生的数据进行了优化调度，并比较分析了相关优化调度算法的性能及影响因素。

智能制造系统的
数字孪生技术

建模、优化
及故障诊断

Chapter
6

第 6 章

智能制造系统的数字孪生非线性优化调度

在智能制造系统的工艺链中，存在大量相互制约甚至反馈制约的情况，映射到数字孪生模型中便形成了非线性数字孪生模型，这使数字孪生模型优化调度的精准性受到很大的限制，而传统的数字孪生模型优化算法不能有效地调度这些非线性生产工艺。为了解决非线性数字孪生模型难以优化调度的问题，本章提出了非线性虚拟工作流建模及优化调度的方法，并结合某汽车制造企业的非线性工艺流程，进行了方法模型验证、优化调度以及性能分析，为非线性智能制造系统数字孪生模型优化提供一定的参考。

6.1

非线性优化数字孪生体描述

智能制造系统中的非线性流程十分复杂，涉及的行业众多。为了方便阐述，这里仍以某汽车制造企业为例，介绍智能制造企业中非线性生产工艺数字孪生体的描述过程。

6.1.1 汽车制造质量控制流程

该汽车制造企业的汽车制造工艺由五大工序构成，分别是汽车冲压工艺、汽车焊装工艺、汽车涂装工艺、汽车总装工艺和汽车检测工艺，而每道工序产生的问题累积到最后都可能会严重威胁汽车的总体质量，因此，该汽车制造企业增加了过程质量控制环节，进一步避免汽车制造各环节出现质量问题。过程质量控制是一种对整个制造过程进行质量监督和控制的技术，也是现代企业管理的重要组成部分，其目的是在满足市场需求的同时，尽最大努力减少损失，提高企业利润。过程质量控制可通过分析整个制造环节的质量影响因素并加以控制，达到避免产品质量缺陷的目的。对于汽车制造工艺链，过程质量控制重点监督和分析从原材料采购至整车交付的全过程，统计造成质量缺陷的影响因素，并及时采取措施加以解决，如图 6-1 所示。

过程质量控制中起关键作用的是制造过程质量控制，因此企业应着重加强这方面的管理。制造过程质量控制可通过对原材料、操作人员、制造设备、加工工艺及各厂区综合环境等因素进行约束来达到避免出现产品质量问题的目的，具体业务流程如图 6-2 所示。

为确保制造过程质量控制环节不出现问题，该汽车制造企业采用了制造业普遍使用的"3N 原则"。所谓"3N 原则"，是指任何工艺前不接收不合格产品（即 No Accepting），任何工艺中不生产不合格产品（即 No Manufacturing），任何工艺后不移交不合格产品即（No Transferring）。因此，采用该原则后的汽车制造工艺质量控制流程如图 6-3 所示。

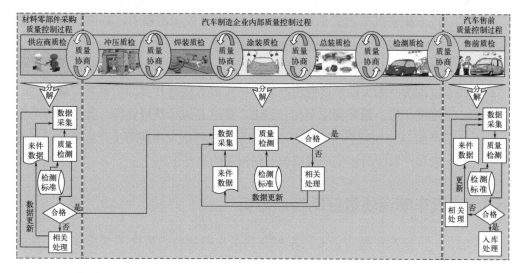

图 6-1　汽车制造过程的质量控制

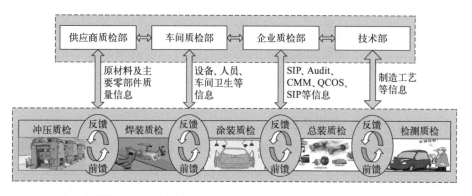

图 6-2　汽车制造过程质量控制流程

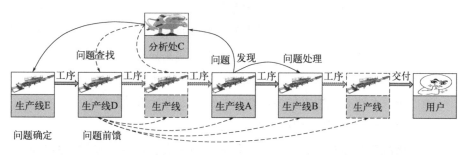

图 6-3　"3N 原则"质量控制流程

在该汽车制造企业"3N 原则"质量控制流程中，若质检员在生产线 A 处发现产品存在质量问题，应立即发出告警并采取行动，由后续生产线 B 将问题产品分流至指定工位加以处理；同时，质检员应将 A 处发现的问题反馈至前向生产线 C，再由 C 处操作员分析前向可能发生问题的工位，最终溯源至生产线 E，并对 E 进行维修处理。此外，每个生产线 D 应该根据实际情况及时向后续生产线发出前向生产线产生问题的预警，以便后续生产线提前做好相关的准备工作。

6.1.2　汽车制造质量控制特点分析

该汽车制造企业汽车制造质量控制的特点取决于制造工艺，具体如下。

（1）具有一定的信息准确性和集成性

由于该汽车制造企业各生产车间具有一定的空间距离，因此厂区具有一定的分散性。这就导致了各厂区需要通过计算机仪器采集生产数据，并将采集的数据汇总后进行分析，作为质量评估的重要依据。因此，汽车制造质量控制要求采集的数据具有准确性和快速集成性。

（2）具有一定的稳定性和一致性

汽车的最终质量受多方面因素的影响，包括人员、材料、设备、尺寸、工艺和环境等。因此，汽车制造质量控制要对这些因素进行实时监控，当这些因素出现波动时要及时作出调整，使各生产线始终处于可控范围内，这就要求质量控制具有一定的稳定性和数据一致性。

（3）具有一定的方便性和灵活性

该汽车制造企业的汽车制造工艺复杂且相互联系，每个环节的工序既有机器操作又有手工操作。因此，汽车制造质量控制处于一种混合控制的工作模式，既要完成对连续变量的控制也要完成对离散变量的控制，所以系统必须能方便灵活地对每道工序进行质量监控。

（4）具有一定的交互性和智能性

该汽车制造企业的汽车制造质量控制需要借助通信技术、数据库技术及人工智能技术，才能将收集到的质量数据结合专家经验作出合理的评估。因此，质量控制要有一定的交互能力，能完成与经验人员的沟通，并具备一定的智能能力，能完成数据的比对分析。

经分析，汽车制造质量控制属于非线性工艺流程，可根据第 4 章案例创建对应的数字孪生模型。

6.2
非线性工作流优化算法

6.2.1 虚拟优化技术

虚拟调度技术的关键在于资源的重新组合，而汽车智能制造非线性生产工艺虚拟调度的核心则在于虚拟节点的划分。虚拟调度是将汽车制造车间中具有反馈制约特性的资源进行重新组态，达到调整生产流程、满足新生产工艺需求的目的。虚拟节点的组态及调度过程主要是由系统扫描的生产工艺中反馈制约资源的数量及组态对整体生产工艺的影响来决定的，构成模块主要包括资源扫描、制约分析、资源分类、反馈能力分析、资源虚拟组态、虚拟优化调度等。非线性生产工艺虚拟调度过程如图 6-4 所示。

6.2.2 非线性虚拟工作流相关定义

非线性工作流虚拟技术是将工作流图与虚拟调度技术相结合，为带有反馈约束条件的生产工艺提供优化调度的一种综合技术。若将该技术应用到汽车制造企业非线性生产工艺数字孪生模型的优化调度过程中，则要求其既要具备工作流图及虚拟调度的特点，又能描述汽车制造工艺的特性。现将汽车制造非线性工作流虚拟技术的相关定义介绍如下。

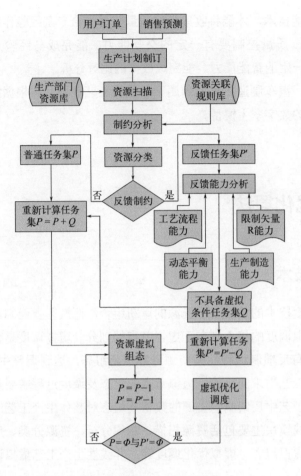

图6-4 非线性生产工艺虚拟调度过程

（1）汽车制造虚拟工作流模型

该模型可形式化为七元组 $AMVWM(AMSCM,P',T',DN,ò,ó)$，其中，$AMVWM$ 是模型名称。$AMSCM$ 为对应的汽车制造工作流模型参数。P' 为存在反馈约束可虚拟化的任务节点集合，$P'=(p_1',p_2'\cdots p_i'\cdots p_n')$。$T'$ 为虚拟节点集合 P' 所对应的虚拟过渡节点集合，$T'=(t_1',t_2'\cdots t_i'\cdots t_m')$。$DN$ 是虚拟工作流模型中所有检查节点的集合，$DN=(dn_1,dn_2\cdots dn_i\cdots dn_k)$，$k$ 为工艺要求的所有检查部门的个数，dn_i 表示虚拟工作流图到达检查部门 i 时，检查部门 i 对当前位置节点 p_j 累积生产质量 $F_w(p_j,h_j)$ 和累积加

工费用 $F_c(p_j,h_j)$ 的检测；若累积生产质量 $F_w(p_j,h_j)$< 工艺要求的生产质量值 ζ_{iw}，或累积加工费用 $F_c(p_j,h_j)$> 工艺要求的加工费用值 ζ_{ic}，则虚拟工作流图未达到工艺要求，应将其反馈至前驱某个位置节点 p_{j-x}，进行修正加工，直到工艺重新到达位置节点 p_j 且满足检查点 dn_i 的检查要求，即累积生产质量 $F_w(p_j,h_j)$ ⩾ 工艺要求的生产质量值 ζ_{iw} 且累积加工费用 $F_c(p_j,h_j)$ ⩽ 工艺要求的加工费用值 ζ_{ic}；此时虚拟工作流图可进行至位置节点 p_j 的后续位置节点 p_{j+1}，进行下一工艺加工，整个反馈过程所消耗的生产时间应该累加，因此检查点 $dn_i=(\zeta_{iw},\zeta_{ic})$。$\grave{o}$ 为所有节点入度的集合，$\grave{o}=({}^*\lambda_1,{}^*\lambda_2\cdots{}^*\lambda_i\cdots{}^*\lambda_z)$，${}^*\lambda_i$ 表示第 i 个节点的入度。$\acute{o}$ 为所有节点出度的集合，$\acute{o}=(\lambda_1{}^*,\lambda_2{}^*\cdots\lambda_i{}^*\cdots\lambda_z{}^*)$，$\lambda_i{}^*$ 表示第 i 个节点的出度。

（2）汽车制造虚拟工作流图

该图是一个虚拟有向图 VDG，可形式化为三元组 $AMVWG(AMVWM,E)$，其中，$AMVWG$ 是虚拟工作流图的名称；$AMVWM$ 是该虚拟工作流图所对应的虚拟工作流模型；E 是有向边集合，$E=(e_1,e_2\cdots e_i\cdots e_m)$，$m$ 为边的个数，集合 E 表示虚拟工作流模型中各任务节点之间的偏序关系。

6.2.3 非线性虚拟工作流约束划分、识别规则及目标函数设定

汽车制造虚拟工作流模型 $AMVWM$ 主要描述汽车制造工艺流程中具有反馈制约关系的加工部门之间的静态特性，具体表现为制约反馈部门间所产生数据的关联关系。汽车制造虚拟工作流图 $AMVWG$ 主要描述汽车制造工艺链中各制约反馈加工部门工作过程的动态特性，具体表现为生产过程中各制约反馈部门间数据的转换过程。因此，虚拟工作流图 $AMVWG$ 应遵循一定的约束条件及识别规则。

（1）虚拟工作流图加工节点自由度识别规则

加工节点自由度可形式化为三元组 $VND_i[BEH_i,ENH_i]$，其中，VND_i 为自由度的名称，是一个区间值，表示加工节点 n_i 可选的执行时间段；BEH_i 为加工节点 n_i 可以执行的最早可选时间；ENH_i 为加工节点 n_i 可以执行的最晚可选时间；BEH_i 和 ENH_i 的工作流图将按照以下公式识别并计算：

$$\begin{cases} BEH_{n_i} = \text{Max}\left\{ BEH_{n_{i-1}} + \min\left(h_{ij}\right)\right\} \\ BEH_{n_1} = 0, BEH_{n_{i-1}} \in \underbrace{\left\{\ldots, BEH_{n_{q'}}, \ldots\right\}}_{k} \\ ENH_{n_i} = \text{Min}\left\{ ENH_{n_{i-1}} - \min\left(h_{ij}\right)\right\} \\ ENH_{n_n} = R.r_h, ENH_{n_{i-1}} \in \underbrace{\left\{\ldots, ENH_{n_{p'}}, \ldots\right\}}_{l} \end{cases} \tag{6-1}$$

其中，$k=1,2,\cdots, {}^*\lambda_i$；$l=1,2,\cdots, \lambda_i^*$；$BEHn_q$ 为节点 n_i 直接前驱节点 n_q 的最早开始执行时间；ENH_{np} 为节点 n_i 直接后续节点 n_p 的最迟开始执行时间。

（2）虚拟节点集合 P' 识别重组规则

工作流图中具有反馈约束制约关系的多个位置节点抽象成虚拟节点 p_i'，多个虚拟节点 p_i' 组成的集合即为虚拟节点集合 P'，虚拟节点 p_i' 可识别为 $p_i' = n_{[i-j]}$ 或 $p_i' = n_{[i,j]}$，前者表示节点 n_i 至节点 n_j 之间多个反馈节点的重新组合，后者表示节点 n_i 和 n_j 两个节点的重新组合。

（3）虚拟工作流图执行域识别规则

在虚拟工作流图 $AMVWG$ 中，节点集合 N 的任意子集 N' 所包含的节点工艺流程允许的最小限制矢量 $R.r_{hmin}$ 和最大限制矢量 $R.r_{hmax}$ 构成的时间区间，为该节点集合 N' 的执行域，表示为 $\tau=[R.r_{hmin}, R.r_{hmax}]$。若存在某节点 n_i 或虚拟节点 p_i'，则所对应的执行域 τ 可由以下公式进行识别和计算：

$$\begin{cases} R.r_{hmin} = \max\left\{ BEH_{n_j} - BEH_{n_i}\right\} \\ R.r_{hmax} = \min\left\{ ENH_{n_j} - ENH_{n_i}\right\} \end{cases} \tag{6-2}$$

（4）虚拟异路径识别规则

虚拟工作流图 $AMVWG$ 中，若某节点 n_i 只能部分与其他节点 n_j 重组构成虚拟节点 p_i'，则节点 n_i 不能重新组合部分的出度路径被识别为虚拟异路径，可标记为 VHP。例如，在图 6-5 所示的某虚拟工作流图 W 的执行域 1 中，节点 n_{15}、n_{16} 可虚拟组合构成虚拟节点，但节点 n_{16} 有另一条出度路径指向节点 n_{18} 和 n_{19}，即执行域 2 仍可进行虚拟组合，因此将节点集合 (n_{16}、n_{18}、n_{19}) 构成的路径标记为一个虚拟异路径。

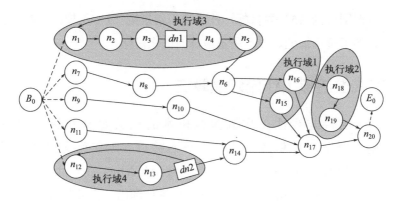

图 6-5 某虚拟工作流图

（5）虚拟工作流图生产参数约束识别规则

虚拟工作流图 $AMVWG$ 中任意节点 n_i 执行后所对应的累积时间、累积费用及累积生产质量可按照下列公式进行识别和计算：

$$\begin{cases} A_{Hq} = \max\left\{\cdots, \underbrace{A_{Hp}, \cdots}_{k}\right\} + l_{qj}h_{qj} \leqslant R.r_h \\ A_{Cq} = \max\left\{\cdots, \underbrace{A_{Cp}, \cdots}_{k}\right\} + l_{qj}c_{qj} \leqslant R.r_c \\ A_{Wq} = \prod_{n_i \in N'} l_{ij}w_{ij} \geqslant R.r_w \\ s.t. \sum_{j=1}^{m} l_{ij} = 1, l_{ij} \in \{0,1\}, p < q, k = 1, 2, \ldots, {}^*\lambda_q \end{cases} \quad (6-3)$$

其中，A_{Hq} 为节点 n_q 的累积生产时间，A_{Hp} 为节点 n_q 直接前驱节点 n_p 的累积生产时间。A_{Cq} 为节点 n_q 的累积生产费用，A_{Cp} 为节点 n_q 直接前驱节点 n_p 的累积加工费用。A_{Wq} 为节点 n_q 的累积生产质量。N' 表示虚拟工作流进行到节点 n_q 时所有已完成节点的集合。l_{ij} 表示执行到节点 n_i 时，是否选用对应过渡节点集合 T 中的过渡节点 t_j 来执行，由于过渡节点 t_j 具有可选择唯一性，因此 $l_{ij}=0$ 或 1。若 $q=E_0$，即 $n_q=n_{E_0}$ 时，表示整个虚拟工作流图执行完毕，并用 A_{WE_0} 表示整个虚拟工作流图能够达到的生产质量，用 A_{CE_0} 表示整个虚拟工作流图消耗的加工费用，用 A_{HE_0} 表示整个虚拟工作流图需要的总生产时间。

汽车制造工艺链调度要求各工业指标在限制矢量 R 内，以约束条件及识别规则（5）为目标，并借助识别规则（1）至规则（4），来完成整体加工费用最低、生产质量最高的优化目标。

6.2.4 非线性虚拟工作流建模算法

结合非线性工作流虚拟技术的相关定义及调度模型识别规则，根据汽车制造工艺链自身的特点，工作流虚拟技术建模算法 WVTMA(Workflow Virtual Technology Modeling Algorithm) 的策略如下：

① 扫描汽车制造工艺链的各个生产部门，将其抽象为位置节点集合 P；统计各生产部门的各种工作状态，将其抽象为过渡节点集合 T；统计工艺要求的检查部门，将其加入检查节点集合 DN。

② 输入位置节点集合 P 和过渡节点集合 T，利用工作流调度建模算法 WSMA 生成汽车制造工艺链工作流模型 $AMSCM$。

③ 扫描工作流模型 $AMSCM$，并结合实际工艺要求，将检查节点集合 DN 中各元素 dn_i 插入模型 $AMSCM$ 中，同时修改相应的有向边集合 L 的关联关系。

④ 输入工程限制矢量 R，并结合公式 6-1，标注工作流模型 $AMSCM$ 中各个加工节点的自由度 VND。

⑤ 从开始位置节点 B_0 遍历工作流图 $AMSCM$ 全部位置节点集 P，将出度 λ^* 和入度 $^*\lambda$ 大于 1 的位置节点加入队列 $Queue$ 中，但反馈循环结构里面的位置节点不加入。

⑥ 找出队列 $Queue$ 中第一个出度 λ^* 大于 1 的位置节点，并查找与该位置节点距离最小的反馈入度位置节点，将中间的位置节点集合进行虚拟标记并暂时加入虚拟位置节点集合 P' 中，将中间的过渡节点集合进行虚拟标记并暂时加入虚拟过渡节点集合 T' 中。

⑦ 执行步骤⑥，直到队列 $Queue$ 中没有入度 $^*\lambda$ 或出度 λ^* 大于 1 的位置节点。

⑧ 扫描虚拟位置节点集合 P'，并结合公式（6-2），标注工作流模型 $AMSCM$ 中的各个执行域 τ。

⑨ 取出虚拟位置节点集合 P' 中的一个元素 p_i'，取出虚拟过渡节点

集合 T' 中的一个元素 t_i'，根据虚拟异路径识别规则，进行虚拟重组。若能进行组合且不存在虚拟异路径 VHP，则进行虚拟重组，修改工作流模型 $AMSCM$，并将修改后的模型更新为虚拟工作流模型 $AMVWM$；若不能进行组合，则删除该虚拟位置节点 p_i' 和虚拟过渡节点 t_i'；若存在虚拟异路径 VHP，则进行标记。

⑩ 若虚拟位置节点集合 P' 不为空，或虚拟过渡节点集合 T' 不为空，则重复步骤⑨；若虚拟位置节点集合 P' 为空且虚拟过渡节点集合 T' 为空，则标记虚拟工作流模型 $AMVWM$ 各参数并进行输出。

⑪ 扫描虚拟工作流模型 $AMVWM$，遍历任意相邻两个位置节点 p_i 至位置节点 $p_j(p_i \neq p_j)$ 的所有路径，将这些路径分别标记为有向边 e_{jk}，计算并标记这些有向边总体的生产时间 h_{jk}、费用成本 c_{jk} 及生产质量 w_{jk}，其中 $k=1,2,\cdots,^*\lambda_{pj}$，同时将标记过程加入虚拟工作流图 $AMVWG$ 中。

⑫ 重复步骤⑪直至没有新标记出现，输出虚拟工作流图 $AMVWG$。

根据上述策略，汽车制造工艺链非线性工作流虚拟技术建模算法 $WVTMA$ 的伪代码如下：

输入：集合 P，集合 T，集合 Q，集合 H，集合 C，集合 W，集合 O，集合 DN，工程限制矢量 R；

输出：非线性虚拟工作流模型 $AMVWM$，非线性虚拟工作流图 $AMVWG$；

```
Scan(All) input P, T, Q, H, C, W, O, DN;
Call WSMA(P, T, Q, H, C, W, O, AMSCM, AMSCG);
for ( int i=0; i <= DN.length; i++ )
    {
    Scan(AMSCM) do
      {
        if DN.dn[i]↔(P.n[x] ···. P.n[y]) then
          {
            Insert DN.dn[i] last into AMSCM.P.n[y];
            Lablel[y+1]= Line(DN.dn[i] → P.n[x])
          }
      }
    };
input R;
```

```
for (int i= P.length; i<=0; i--)
    { j=i-1;
      Scan(AMSCM) do
        {
          Formula6_1(P.n[j].Fh, P.n[i].Fh, R, VND.n[i])
        }
    };
for (int i=0; i<= P.length; i++)
    { If(ò.n[i].˙λ>1 || ó.n[i].λ˙>1) then ADD(Queue, P.n[i])
    };
While(Queue.front == Queue.rear) do
    {
        n = Queue.front;
        Queue.front = Queue.front+1;
        for ( int i=0; i<= DN.length; i++ )
            { Scan(AMSCM) do{
            if (DN.dn[i]↔(P.n[x]⋯. n)) and (Min-distance(P.n[x], n))
                then {
                p' = Planing( P.n[x]⋯. n );
                t' = Planing( T.n[x]⋯. n );
                ADD(P', p');
                ADD(T', t') }}}};
for (int i= P'.length; i<=0; i--)
    { j=i-1;
      Scan(AMSCM) do{
      Formula6_2(VND.n[i], VND.n[j], τ.n[i])}};
While (P' <> Φ) or (T' <> Φ) do
    { for ( int i=0; i<= P'.length; i++ )
        { for ( int j=0; j<= T'.length; j++ )
            if VHP(P'.n[i], T'.n[j]) == False then
                { Delete(P'.n[i] → (P.n[x]⋯.n));
                Delete(T'.n[j] → (T.n[x]⋯.n));
                Update(P'.n[i], T'.n[j], AMSCM) to AMVWM;
                Delete(P'.n[i]);
                Delete(T'.n[j])} else {
                Rollback(P'.n[i] → (P.n[x]⋯.n));
                Rollback (T'.n[j] → (T.n[x]⋯.n));
                Update(Null, Null, AMSCM) to AMVWM;
                Delete(P'.n[i]);
                Delete(T'.n[j]) }}};
```

```
OutPut AMVWM;
Scan(AMVWM) input P;
for ( int i=0; i<= P.length-1; i++ )
    for ( int j=i+1; j<= P.length; j++ )
            { if (P.n[j]−P.n[i])==1 then
                    { for ( int k=0; k<=ò.n[j].*λ; k++ )
                    Lable e[j,k]= Line(P.n[i] → T.t[k] → P.n[j]);
                    Lable h[j,k]= Hour(Σ(P.n[i] → T.t[k] → P.n[j]));
                    Lable c[j,k]= Cost(Σ(P.n[i] → T.t[k] → P.n[j]));
                    Lable w[j,k]= Accuracy(Π(P.n[i] → T.t[k] → P.n[j]));
                    Add (e[j,k], h[j,k], c[j,k], w[j,k]) to AMVWG } };
OutPut AMVWG;
```

经分析，算法 WVTMA 的时间复杂度可到达 $O(n^2)$。

6.2.5　非线性虚拟工作流优化调度算法

汽车制造非线性工作流虚拟技术调度优化应秉承传统工作流建模优化策略，并在此基础上结合虚拟调度的特点及相关的约束规则，动态平衡汽车制造工艺链中符合虚拟调度流程生产时间、加工费用和生产质量的最优化调度。因此，优化调度过程中需进行如下参数定义。

汽车制造非线性工作流虚拟优化调度路径 VLink 是一个包含虚拟节点的有向调度路径，可形式化为四元组 $VLink(P', E, A)$，其中，VLink 是非线性工作流虚拟优化调度输出路径名称。P' 是虚拟路径经过的全部位置节点的集合，包括经历过的虚拟组合节点。E 是虚拟路径所经过的有向边的集合。A 是该虚拟路径所经过节点集合 P' 的累积参数集合，可表示为 $A=(a_1,a_2,\cdots,a_i,\cdots,a_n)$，$n$ 为节点集合 P' 中的节点数；a_i 为节点 $n_i(n_i \in P)$ 的累积参数，可表示为 $a_i=(a_{iH}, a_{iC}, a_{iW})$，$a_{iH}$ 为节点 n_i 的累积生产时间，a_{iC} 为节点 n_i 的累积生产费用，a_{iW} 为节点 n_i 的累积生产质量。

汽车制造工艺链中符合虚拟非线性工作流技术的工艺流程，仍采用并行分层优化调度的策略，计算该工艺流程虚拟工作流图的位置节点集合 P' 中任意节点 n_i 的加工节点自由度 VND_i。将标注了每个节点 n_i 加工节点自由度的虚拟工作流图进行扫描，重点分析虚拟重组节点，计算虚拟工作流图中的相关执行域 τ，并通过逆向层层迭代求解，确定工程限

制矢量 R 下的整体虚拟工作流图的优化调度。

在虚拟工作流图 $AMVWG$ 中，函数 $VF_c(n_i,h_{ni})$ 和函数 $VF_w(n_i,h_{ni})$ 分别表示位置节点 n_i 在时刻 h_{ni} 处，扫描加工节点自由度 $VND_{ni}[BEH_{ni},ENH_{ni}]$ 所能达到的最低加工费用和最高生产质量。位置节点 n_i 在时刻 h_{ni} 处的 $VF_c(n_i,h_{ni})$ 和 $VF_w(n_i,h_{ni})$ 可通过下列公式进行计算：

$$\begin{cases} VF_c(n_i,h_{ni}) = \min\{c_{nik}\} \\ VF_w(n_i,h_{ni}) = \max\{w_{nik}\} \\ h_{ni} \in VND_{ni}[BEH_{ni},ENH_{ni}], 0 < k \leqslant {}^*\lambda_{ni} \\ s.t. h_{ni} + h_{nik} \leqslant R.r_h, c_{ni} + c_{nik} \leqslant R.r_c, w_{ni} \times w_{nik} \geqslant R.r_w \end{cases} \quad (6\text{-}4)$$

取虚拟节点集合 P' 中任意两位置节点 n_{i-1} 和 n_i，且位置节点 n_{i-1} 是位置节点 n_i 的前驱节点，则虚拟工作流图 $AMVWG$ 采用逆向分层串规约后，节点 n_{i-1} 的累积加工时间、费用成本及生产质量可通过下列公式进行计算：

$$\begin{cases} VF_c(n_{i-1},h_{ni-1}) = \min\{VF_c(n_i,h_n + h_{ni-1}) + c_{ni-1k}\} \\ VF_w(n_{i-1},h_{ni-1}) = \max\{VFw(n_i,h_n + h_{ni-1}) \times w_{ni-1k}\} \\ h_{ni-1} \in VND_{ni-1}[BEH_{ni-1},ENH_{ni-1}], 0 < k \leqslant {}^*\lambda_{ni-1} \\ s.t. h_{ni-1} + h_{ni-1k} \leqslant R.r_h, c_{ni-1} + c_{ni-1k} \leqslant R.r_c, w_{ni-1} \times w_{ni-1k} \geqslant R.r_w \end{cases} \quad (6\text{-}5)$$

虚拟工作流图 $AMVWG$ 通过公式 6-5 进行逐层优化，可最终完成整个汽车制造非线性工艺链的优化。

综上所述，汽车制造非线性工作流虚拟技术优化调度算法 WVOSA(Workflow Virtual Optimization Scheduling Algorithm) 的策略如下：

① 将符合虚拟工作流要求的非线性汽车制造工艺链流程参数嵌入算法 WVTMA，进而创建虚拟工作流图 $AMVWG$。

② 将虚拟工作流图 $AMVWG$ 由后向前分层，结合工程限制矢量 R，并利用公式（6-1）计算虚拟工作流图中每个位置节点 n_i 的加工节点自由度 $VND_{ni}[BEH_{ni},ENH_{ni}]$。

③ 利用公式（6-4）计算虚拟工作流图 $AMVWG$ 最后一层位置节点 E_0 在加工节点自由度 VND_{E_0} 内不同时刻所能达到的最低加工费用 $VF_c(E_0,h_{E_0})$ 及最高生产质量 $VF_w(E_0,h_{E_0})$，并进行标记。

④ 扫描虚拟工作流图 $AMVWG$，对虚拟异路径 VHP 之外的位置节

点采用逆向分层串规约策略，计算每个位置 n_i 节点在加工节点自由度 VND_{ni} 内不同时刻所能达到的最低加工费用 $VF_c(n_i,h_{ni})$ 及最高生产质量 $VF_w(n_i,h_{ni})$，并进行标记。

⑤ 对于已完成的位置节点，利用公式（6-2）计算虚拟异路径 VHP 的执行域 τ，串行计算执行域 τ 下虚拟异路径中各位置节点 n_i 的最低加工费用 $VF_c(n_i,h_{ni})$ 及最高生产质量 $VF_w(n_i,h_{ni})$，并进行标记。

⑥ 扫描标记后的虚拟工作流图 $AMVWG$ 各个位置节点，结合工程限制矢量 R 及优化目标公式（6-3），确定最终的虚拟优化调度路径 $VLink$。

⑦ 输出虚拟优化调度路径 $VLink$。

算法 WVOSA 所对应的伪代码如下：

输入：虚拟工作流图 $AMVWG$，限制矢量 R；

输出：虚拟优化调度路径 $VLink$；

```
Call WVTMA to Create AMVWG;
BackScan(AMVWG) output P, H, C, W;
Input(R);
for (int i= P.length; i<=0; i--)
        {   j=i-1;
          Scan(AMVWG) do{
          Formula6_1(P.n[j].Fh, P.n[i].Fh, R, VND.n[i])}};
Formula6_4(E0.VFc, P.E0, C.E0, H.E0, VND[P.E0]);
Formula6_4(E0.VFw, P.E0, W.E0, H.E0, VND[P.E0]);
Scan(AMVWG) to Lable(VHP);
for ( int i=P.length; i>=1; i-- )
        {j=i-1;
        if (P.n[i] not in VHP) then {
        Formula6_5(P.n[j].VFc,P.n[i].VFc,P.n[j],C.n[j],H.n[j],VND[P.n[j]]);
        Formula6_5(P.n[j].VFw,P.n[i].VFw,P.n[j],W.n[j],H.n[j],VND[P.n[j]]);
        Formula6_2(VND.n[i],VND.n[j],τ.n[i])}
        Else{ under τ.n[i] do{
                    P.n[i].VFh= Hour(Σ(P.n[i] → P.n[j]));
                    P.n[i].VFc= Cost(Σ(P.n[i] → P.n[j]));
                    P.n[i].VFw= Accuracy(Π(P.n[i] → P.n[j]))}}};
Scan(VLink, AMVWG, Formula6_3, R);
OutPut VLink;
```

经分析，算法 WVOSA 的时间复杂度可达到 $O(n^2)$。

6.3
汽车制造过程质量控制非线性工作流虚拟技术模型验证

汽车制造过程质量控制流程符合非线性工作流特点，可根据工程限制矢量 R 的要求，采用虚拟工作流技术对该流程对应的数字孪生模型进行优化调度，从而动态地平衡质量控制时间、费用和精度等重要工程参数。为了便于研究，这里只讨论制造过程质量控制流程中的主要矛盾，忽略次要矛盾，介绍折中后的虚拟工作流模型建立及验证过程。

汽车制造过程质量控制的具体流程可由各加工车间根据自身特点进行改进。这里仍以冲压车间为例，结合日常质量控制数据，对汽车制造过程质量控制进行抽象描述。该汽车制造企业冲压车间的供应商有三个（供应商编号为 B_1、B_2 和 B_3），采购质量检测组有两个（检测组编号为 C_1 和 C_2），车间质量抽查组有两个（抽检组编号为 S_1 和 S_2），质量检测组有三个（质检组编号为 D_1、D_2 和 D_3）。将该质量控制工艺流程分解为位置节点集合 P 及过渡节点集合 T，具体描述如表6-1和表6-2所示。

表6-1　冲压质量控制位置节点集合 P

位置节点	描述	位置节点	描述
p_1	原材料供应商	p_5	质量抽检部
p_2	原材料采购部门	p_6	精修部
p_3	采购质量检测部	p_7	质量检测部
p_4	冲压	p_E	车间库房

表6-2　冲压质量控制过渡节点集合 T

过渡节点	描述	过渡节点	描述
t_1	原材料准备	t_5	质量抽检准备
t_2	采购准备	t_6	精修部准备
t_3	采购质量检测准备	t_7	质量检测准备
t_4	冲压准备	t_E	冲压件入库准备

将表6-1和表6-2中的数据输入虚拟算法 WVTMA 中，可得出该汽车制造企业汽车制造工艺链冲压工艺质量控制的虚拟工作流模型及虚拟

工作流图，如图6-6所示。

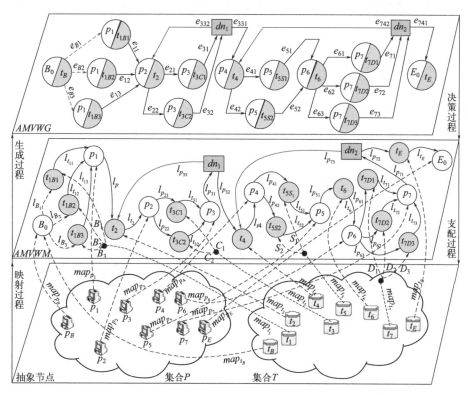

图 6-6 冲压工艺质量控制虚拟工作流模型及虚拟工作流图

图 6-6 比较直观地描述了该汽车制造企业汽车制造冲压工序质量控制的动态虚拟调度关系，可进一步结合虚拟优化算法进行最佳调度。

6.4
过程质量控制非线性工作流虚拟技术优化实例分析

为了对汽车制造工艺链具有非线性特点的工艺流程进行虚拟工作流优化调度，这里仍对过程质量控制进行分析。优化测试分析设备服务器操作系统为 Windows7 版本，PC 机内存大小为 4G 以上，算法 WVTMA

和算法 WVOSA 采用 C# 编程。选取该汽车制造企业某次汽车制造过程质量控制的生产数据，要求工程限制矢量 R 为：$R.h$=111，$R.c$=20，$R.w$=0.98。

6.4.1 汽车制造过程质量控制优化调度过程分析

根据汽车制造过程质量控制流程，结合抽象后位置和过渡节点的功能，日常加工一批工件的数据如表6-3至表6-6所示。

表6-3 供应商供货时间、费用、质量

编号	时间 / 天	费用 / 万元	供货质量 /%
B_1	30	10.5	95.1
B_2	25	11.0	95.6
B_3	20	10.2	94.2

表 6-3 只给出了一般供货时间、费用和质量，不包括其他突发情况所产生的附加值。

表6-4 各工艺质量检测员的加工时间、费用、质量

编号	时间 / 天	费用 / 万元	生产质量 /%
C_1	20	0.5	95.6
C_2	18	0.6	97.0
S_1	21	0.65	97.6
S_2	20	0.63	96.8
D_1	20	0.67	96.9
D_2	19	0.65	96.7
D_3	18	0.66	96.0

表 6-4 只给出了通常情况下各质检员的工作状态数据，不包括特殊情况下的差错数据。

表6-5 其他环节的加工时间、费用、质量

过渡节点	时间 / 天	费用 / 万元	生产质量 /%
t_2	15	0.45	99.8
t_4	1	0.05	98.8
t_6	7	0.2	99.9
t_E	1	0.04	99.9

表 6-5 只给出了相关工艺正常情况下的数据，不包括其他影响工艺质量的因素。

表6-6　各检查节点生产质量要求

检查点	dn_1	dn_2
生产质量 ×100%	95.0	97.5

将汽车制造过程质量控制流程经过算法 WVTMA 建模后形成虚拟工作流图 *AMVWG*，然后将虚拟工作流图 *AMVWG* 输入虚拟优化调度算法 WVOSA，并结合工程限制矢量 *R* 及表 6-3 至表 6-6 中的数据，可形成优化后的虚拟工作流图 *AMVWG* 及虚拟调度路径 *VLink*，如图 6-7 所示。

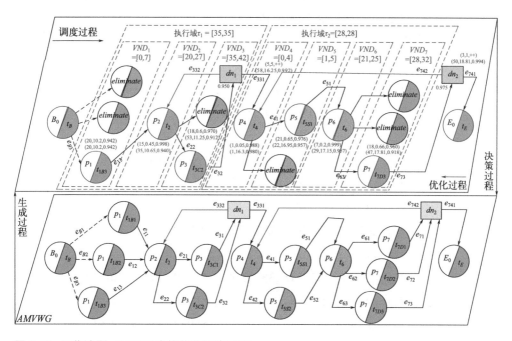

图 6-7　工作流图 *AMVWG* 虚拟优化调度过程

根据工艺特点，将工程限制矢量 $R.h$=111 天分成两个阶段限制，前一阶段为采购质量控制，时间限制为 $R.h_1$=60 天，该阶段的检查点 dn_1 为 0.950，若经过该检查点时累积生产质量低于此值，则进行质量修正，每修正一次需要 5 天，额外加工费用增加 5 万；后一阶段为加工质量控制，时间限制为 $R.h_2$=51 天，该阶段的检查点 dn_2 为 0.975，若经过该检查点时累积生产质量低于此值，则进行质量修正，每修正一次需要 3 天，额外加工费用增加 1 万。汽车制造过程质量控制虚拟优化调度受工程限制矢量 $R.h_1$ 和 $R.h_2$ 的约束，根据表 6-1 至表 6-6 中的数据，并利用公式（6-1）至公式（6-5），可计算出整个虚拟工作流图中各虚拟优化调度环节的累计生产时间、累计加工费用及累计生产质量，具体计算过程如下：

① 计算出位置节点 p_1、p_2 和 p_3 的加工节点自由度：VND_1=[0,7]，VND_2=[20,27] 和 VND_3=[35,42]。将这三个位置节点组合成虚拟位置节点 $p'_{[1\text{-}3]}$，计算出该执行域的值为：τ_1=[35,35]。

② 根据 VND_1、VND_2、VND_3 和 τ_1 的值，计算各位置节点的累积虚拟生产质量 VF_w 及费用成本 VF_c 如下：

位置节点 p_3：

$VF_w(p_3,35)$=max{0.956,0.97}=0.97；$VFc(p_3,35)$=0.6；

$VF_w(p_3,36)$=max{0.956,0.97}=0.97；$VFc(p_3,36)$=0.6；

$VF_w(p_3,37)$=max{0.956,0.97}=0.97；$VFc(p_3,37)$=0.6；

$VF_w(p_3,38)$=max{0.956,0.97}=0.97；$VFc(p_3,38)$=0.6；

$VF_w(p_3,39)$=max{0.956,0.97}=0.97；$VFc(p_3,39)$=0.6；

$VF_w(p_3,40)$=max{0.956,0.97}=0.97；$VFc(p_3,40)$=0.6；

$VF_w(p_3,41)$=max{0.97}=0.97；$VFc(p_3,41)$=0.6；

$VF_w(p_3,42)$=max{0.97}=0.97；$VFc(p_3,42)$=0.6。

位置节点 p_2：

$VF_w(p_2,20)$=max{$VF_w(p_3,35)$×0.998}=0.968；$VF_c(p_2,20)$=1.05；

$VF_w(p_2,21)$=max{$VF_w(p_3,36)$×0.998}=0.968；$VF_c(p_2,21)$=1.05；

$VF_w(p_2,22)$=max{$VF_w(p_3,37)$×0.998}=0.968；$VF_c(p_2,22)$=1.05；

$VF_w(p_2,23)$=max{$VF_w(p_3,38)$×0.998}=0.968；$VF_c(p_2,23)$=1.05；

$VF_w(p_2,24)$=max{$VF_w(p_3,39)$×0.998}=0.968；$VF_c(p_2,24)$=1.05；

$VF_w(p_2,25)$=max{$VF_w(p_3,40)$×0.998}=0.968；$VF_c(p_2,25)$=1.05；

$VF_w(p_2,26)$=max{$VF_w(p_3,41)$×0.998}=0.968；$VF_c(p_2,26)$=1.05；

$VF_w(p_2,27)$=max{$VF_w(p_3,42)$×0.998}=0.968；$VF_c(p_2,27)$=1.05。

位置节点 p_1：

$VF_w(p_1,0)=\max\{VF_w(p_2,25)\times0.956,VF_w(p_2,20)\times0.942\}=0.925$；

$VF_c(p_1,0)=12.05$；

$VF_w(p_1,1)=\max\{VF_w(p_2,26)\times0.956,VF_w(p_2,21)\times0.942\}=0.925$；

$VF_c(p_2,1)=12.05$；

$VF_w(p_1,2)=\max\{VF_w(p_2,27)\times0.956,VF_w(p_2,22)\times0.942\}=0.925$；

$VF_c(p_2,2)=12.05$；

$VF_w(p_1,3)=\max\{VF_w(p_2,23)\times0.942\}=0.912$；$VF_c(p_2,3)=11.25$；

$VF_w(p_1,4)=\max\{VF_w(p_2,24)\times0.942\}=0.912$；$VF_c(p_2,4)=11.25$；

$VF_w(p_1,5)=\max\{VF_w(p_2,25)\times0.942\}=0.912$；$VF_c(p_2,5)=11.25$；

$VF_w(p_1,6)=\max\{VF_w(p_2,26)\times0.942\}=0.912$；$VF_c(p_2,6)=11.25$；

$VF_w(p_1,7)=\max\{VF_w(p_2,27)\times0.942\}=0.912$；$VF_c(p_2,7)=11.25$。

根据虚拟累积生产质量 $VF_w(p_1,0)$、$VF_w(p_1,1)$、$VF_w(p_1,2)$、$VF_w(p_1,3)$ 和 $VF_w(p_1,4)$ 的值可知，对应的完工时间分别为 60 天、59 天、58 天、57 天、56 天，累积生产质量低于检查点 $dn_1=0.95$ 的要求，因此需要返工重新修正。根据算法计算，重新修正后的完工时间为 65 天、64 天、63 天、62 天和 61 天，均超过时间限制 $R.h_1=60$ 天，因此需选用其他优化路径进行后续优化。

根据虚拟累积生产质量 $VF_w(p_1,5)=0.912$、$VF_w(p_1,6)=0.912$ 和 $VF_w(p_1,7)=0.912$，对应的完工时间分别为 55 天、54 天和 53 天，累积生产质量低于检查点 $dn_1=0.95$ 的要求，因此需要返工重新修正。根据算法计算，重新修正后的完工时间为 60 天、59 天和 58 天，均未超过时间限制 $R.h_1=60$ 天。因此，计算修正后的累积生产质量为：$VF'_w(p_1,5)=(1-0.912)\times0.912+0.912=0.992$，$VF'_w(p_1,6)=(1-0.912)\times0.912+0.912=0.992$，$VF'_w(p_1,7)=(1-0.912)\times0.912+0.912=0.992$；对应的累积加工费用为：$VF'_c(p_1,5)=11.25+5=16.25$ 万元，$VF'_c(p_1,6)=11.25+5=16.25$ 万元，$VF'_c(p_1,7)=11.25+5=16.25$ 万元。应选择累积生产质量最高且累积完工时间最低的 $VF'_w(p_1,7)=0.992$，第一阶段将沿此路径进行优化调度。

③ 完成第一阶段调度优化，输出该阶段虚拟调度路径 $Vlink_1=B_0 \rightarrow p_1/t_{1B3} \rightarrow p_2/t_2 \rightarrow p_3/t_{3C2}$。

④ 第二阶段的优化调度是在第一阶段的基础上进行的，因此，资源输入的开始生产质量为 0.992，工程限制矢量 $R.h_2$=51 天。据此计算位置节点 p_4、p_5、p_6 和 p_7 的加工节点自由度分别为：VND_4=[0,4]，VND_5=[1,5]，VND_6=[21,25] 和 VND_7=[28,32]。将这四个位置节点组合成虚拟位置节点 $p'_{[4\text{-}7]}$，计算该执行域的值为：τ_2=[28,28]。

⑤ 根据 VND_4、VND_5、VND_6、VND_7 和 τ_2 的值，计算各位置节点的累积虚拟生产质量 VF_w 及费用成本 VF_c 如下：

位置节点 p_7：

$VF_w(p_7,28)=\max\{0.969,0.967,0.96\}=0.969$；$VF_c(p_7,28)=0.67$；

$VF_w(p_7,29)=\max\{0.969,0.967,0.96\}=0.969$；$VF_c(p_7,29)=0.67$；

$VF_w(p_7,30)=\max\{0.969,0.967,0.96\}=0.969$；$VF_c(p_7,30)=0.67$；

$VF_w(p_7,31)=\max\{0.967,0.96\}=0.967$；$VF_c(p_7,31)=0.65$；

$VF_w(p_7,32)=\max\{0.96\}=0.96$；$VF_c(p_7,32)=0.66$。

位置节点 p_6：

$VF_w(p_6,21)=\max\{VF_w(p_7,28)\times0.999\}=0.968$；$VF_c(p_6,21)=0.87$；

$VF_w(p_6,22)=\max\{VF_w(p_7,29)\times0.999\}=0.968$；$VF_c(p_6,22)=0.87$；

$VF_w(p_6,23)=\max\{VF_w(p_7,30)\times0.999\}=0.968$；$VF_c(p_6,23)=0.87$；

$VF_w(p_6,24)=\max\{VF_w(p_7,31)\times0.999\}=0.966$；$VF_c(p_6,24)=0.85$；

$VF_w(p_6,25)=\max\{VF_w(p_7,32)\times0.999\}=0.959$；$VF_c(p_6,25)=0.86$。

位置节点 p_5：

$VF_w(p_5,1)=\max\{VF_w(p_6,22)\times0.976,VF_w(p_6,21)\times0.968\}=0.945$；

$VF_c(p_5,1)=1.52$；

$VF_w(p_5,2)=\max\{VF_w(p_6,23)\times0.976,VF_w(p_6,22)\times0.968\}=0.945$；

$VF_c(p_5,2)=1.52$；

$VF_w(p_5,3)=\max\{VF_w(p_6,24)\times0.976,VF_w(p_6,23)\times0.968\}=0.943$；

$VF_c(p_5,3)=1.50$；

$VF_w(p_5,4)=\max\{VF_w(p_6,25)\times0.976,VF_w(p_6,24)\times0.968\}=0.936$；

$VF_c(p_5,4)=1.51$；

$VF_w(p_5,5)=\max\{VF_w(p_6,25)\times0.968\}=0.928$；$VF_c(p_5,5)=1.49$。

位置节点 p_4：

$VF_w(p_4,0)=\max\{VF_w(p_5,1)\times0.988\}=0.934$；$VF_c(p_4,0)=1.57$；

$VF_w(p_4,1)=\max\{VF_w(p_5,2)\times0.988\}=0.934$；$VF_c(p_4,1)=1.57$；

$VF_w(p_4,2)=\max\{VF_w(p_5,3)\times0.988\}=0.932$；$VF_c(p_4,2)=1.55$；

$VF_w(p_4,3)=\max\{VF_w(p_5,4)\times0.988\}=0.925$；$VF_c(p_4,3)=1.56$；

$VF_w(p_4,4)=\max\{VF_w(p_5,5)\times0.988\}=0.917$；$VF_c(p_4,4)=1.54$。

该阶段工艺执行一次的累积生产质量和累积加工费用为：

$VF_w(p_4,0)=\max\{VF_w(p_5,1)\times0.988\}\times0.992=0.927$；$VF_c(p_4,0)=17.82$；

$VF_w(p_4,1)=\max\{VF_w(p_5,2)\times0.988\}\times0.992=0.927$；$VF_c(p_4,1)=17.82$；

$VF_w(p_4,2)=\max\{VF_w(p_5,3)\times0.988\}\times0.992=0.925$；$VF_c(p_4,2)=17.80$；

$VF_w(p_4,3)=\max\{VF_w(p_5,4)\times0.988\}\times0.992=0.918$；$VF_c(p_4,3)=17.81$；

$VF_w(p_4,4)=\max\{VF_w(p_5,5)\times0.988\}\times0.992=0.910$；$VF_c(p_4,4)=17.79$。

根据虚拟累积生产质量 $VF_w(p_4,0)$、$VF_w(p_4,1)$ 和 $VF_w(p_4,2)$ 的值可知，对应的完工时间分别为 50 天、49 天和 48 天，累积生产质量低于检查点 $dn_2=0.975$ 的要求，因此需要返工重新修正。根据算法计算，重新修正后的完工时间为 51 天，若累积位置节点 E_0 的加工时间，则该时间超过了时间限制 $R.h_2=51$ 天，因此需要选用其他优化路径进行后续优化。

根据虚拟累积生产质量 $VF_w(p_4,3)=0.918$ 和 $VF_w(p_4,4)=0.910$，对应的完工时间分别为 47 天和 46 天，累积生产质量低于检查点 $dn_2=0.975$ 的要求，因此需要返工重新修正。根据算法计算，重新修正后的完工时间为 50 天和 49 天，若累积位置节点 E_0 的加工时间，则该时间为 51 天和 50 天，均未超过时间限制 $R.h_2=51$ 天。因此，计算修正后的累积生产质量为：$VF'_w(p_4,3)=(1-0.918)\times0.925+0.918=0.994$，$VF'_w(p_4,4)=(1-0.910)\times0.917+0.910=0.993$；所对应的累积加工费用为：$VF'_c(p_4,3)=17.81+1=18.81$ 万元，$VF'_c(p_4,4)=17.79+1=18.79$ 万元。应选择累积生产质量最高的 $VF'_w(p_4,3)=0.994$，第二阶段将沿此路径进行优化调度。

⑥ 完成第二阶段调度优化，输出该阶段虚拟调度路径 $Vlink_2=p_4/t_4 \rightarrow p_5/t_{5S1} \rightarrow p_6/t_6 \rightarrow p_7/t_{7D3}$。

综上所述，该汽车制造企业汽车制造过程质量控制虚拟优化调度的整体生产质量为 $VF_w=0.994\times0.999=0.993$，加工费用为 $VF_c=18.81+0.04=18.85$ 万元，完工时间为 $VF_h=58+50+1=109$ 天，输出虚拟路径为

$Vlink=Vlink_1+Vlink_2=B_0 \rightarrow p_1/t_{1B3} \rightarrow p_2/t_2 \rightarrow p_3/t_{3C2} \rightarrow p_4/t_4 \rightarrow p_5/t_{5S1} \rightarrow p_6/t_6 \rightarrow p_7/t_{7D3} \rightarrow E_0$。

6.4.2　不同优化调度算法比较分析

利用汽车制造非线性工作流虚拟技术对调度模型优化算法 WVOSA 与时间最小化优化调度算法进行调度，并结合表 6-1 至表 6-6 中的数据，可得出这两种优化调度算法的对比过程。

使用时间最小化优化调度算法对汽车制造过程质量控制进行优化调度，第一阶段的生产时间、加工费用和生产质量分别为：$VF_{1h1}=58$ 天，$VF_{1c1}=16.25$ 万元，$VF_{1w1}=0.990$；第二阶段的生产时间、加工费用和生产质量分别为：$VF_{2h1}=47$ 天，$VF_{2c1}=2.04$ 万元，$VF_{2w1}=0.992$；最终的生产时间、加工费用和生产质量分别为：$VF_{h1}=106$ 天，$VF_{c1}=18.33$ 万元，$VF_{w1}=0.991$。

将汽车制造过程质量控制工艺流程对应的虚拟工作流图 AMVWG 及所对应的数据输入算法 WVOSA，可得出图 6-8 所示的虚拟归约优化过程。

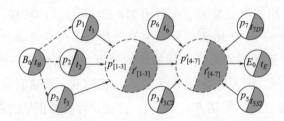

图 6-8　虚拟工作流图 AMVWG 的虚拟归约过程

算法 WVOSA 先对能虚拟组合的位置节点序列进行处理。在工程限制矢量 R.h 的约束下，将位置节点 p_1、p_2、p_3 虚拟重组为位置节点 $p'_{[1-3]}$，将位置节点 p_4、p_5、p_6、p_7 虚拟重组为位置节点 $p'_{[4-7]}$，可计算出虚拟工作流图 AMVWG 的最终完工时间 $VF_{h2}=109$ 天，最终的加工费用和生产质量分别为：$VF_{c2}=18.85$ 万元，$VF_{w2}=0.993$。

算法 WVOSA 与时间最小化优化调度算法的调度路径 Vlink 输出情况如图 6-9 所示。

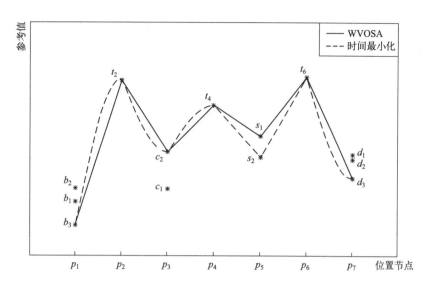

图 6-9　两种优化调度算法的调度路径 *VLink* 输出

　　经过对比可以发现，算法 WVOSA 比时间最小化优化调度算法的生产质量总体提高 $K=(VF_{w2}-VF_{w1})/VF_{w1}\times100\%=0.202\%$，算法 WVOSA 在相同工程限制矢量 R 下对生产质量的优化效果较时间最小化优化调度算法有所提高。

6.4.3　优化调度算法性能分析

　　汽车制造非线性工作流虚拟技术调度模型优化算法 WVOSA 在不同的调度环境和因素下，所体现的优化性能也不太相同，这里介绍汽车制造工艺链不同位置节点和不同限制矢量 R 下算法 WVOSA 的性能分析。

　　（1）位置节点数目对虚拟优化调度算法性能的影响

　　虚拟工作流图用位置节点（包括虚拟节点）反映汽车制造工艺流程经过各加工单位的关联情况以及它们之间的制约反馈情况，因此，位置节点（包括虚拟节点）数目势必影响虚拟优化调度算法 WVOSA 的性能。将位置节点（包括虚拟节点）集合 P 中的节点数随机增至 5、10、15 至 20，每个位置节点 p_i 的过渡节点集合 T 所映射的节点数取区间 [2,5] 中的任意整数，将限制矢量 R 中最小完成时间分量 r_h 增加 20%，则得出不同位置节点数对时间最小化调度算法和算法 WVOSA 性能的影响情况，如图 6-10 所示。

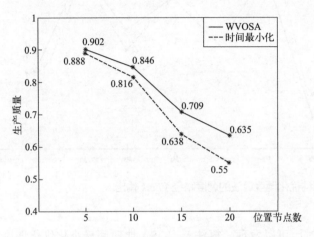

图 6-10　位置节点数对两种优化调度算法性能的影响

从影响图中可以发现，随着位置任务（包括虚拟节点）数目的增加，两种优化调度算法的生产质量均有所下降，但是虚拟优化调度算法 WVOSA 比时间最小化调度算法最终累积生产质量 VF_w 有所提高，分别为：1.58%，3.68%，11.13%，15.45%。

（2）限制矢量 R 对算法 WVOSA 性能的影响

不同的工程限制矢量 R 势必影响虚拟优化调度算法 WVOSA 的性能。按一般生产规律，规定的完成时间 r_h 越长，得到的生产质量 VF_w 越高，所消耗的加工费用 VF_c 越高。将位置节点（包括虚拟节点）集合 P 中的节点数随机增至 10 和 15，每个位置节点 p_i 的过渡节点集合 T 所映射的节点数取区间 [2,5] 中的任意整数，将限制矢量 R 中最小完成时间分量 r_h 增加 10%、15%、20%、25%，则得出不同限制矢量 R 对虚拟优化调度算法 WVOSA 性能的影响情况，如图 6-11 所示。

从影响图中可以发现，随着限制矢量 R 中分量 r_h 的增大，算法 WVOSA 优化调度后的生产质量也显著提高。

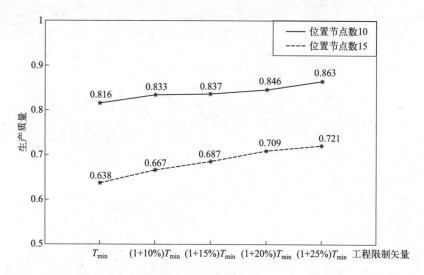

图 6-11　限制矢量 R 对算法 WVOSA 性能的影响

本章小结

本章重点阐述了非线性工作流虚拟技术的相关定义，并结合某汽车制造企业的具体情况介绍了非线性工作流图虚拟技术的建模算法 WVTMA 和优化调度算法 WVOSA，以及这些算法的开发策略及伪代码。此外，本章还针对该汽车制造企业汽车制造过程质量控制流程的非线性特点进行了工作流图虚拟技术的建立及验证，并结合该流程在通常情况下产生的数据进行了优化调度，比较分析了虚拟优化调度算法 WVOSA 的性能及影响因素。

智能制造系统的
数字孪生技术

建模、优化
及故障诊断

第 7 章

智能制造系统的数字孪生

故障冲突诊断

本章以某汽车制造企业为例，介绍智能制造系统数字孪生模型故障冲突诊断的一般方法和流程，重点阐述这些流程在故障冲突诊断中所选用的科学量化方法，分析这些智能制造系统数字孪生故障冲突诊断模型的执行性能，以便于准确地调度。此外，本章还介绍了汽车制造数字孪生体工作流冲突诊断模型量化求解算法 MkoWSA 和故障冲突诊断算法 D-CWCDA。

7.1

智能制造数字孪生体故障冲突概述

所谓智能制造系统的故障冲突，通常是指生产设备或生产流程存在某种状况而无法正常完成规定任务的一种状态。引起系统故障冲突的状况多种多样，如设备故障、技术参数错误、调度流程不合理、设备争用、数据相关、控制冲突、运行环境异常等。故障冲突所呈现的状态主要有以下几种：

① 生产设备不响应或失去部分功能。

② 生产设备参数不正确或出现了数据相关等现象。

③ 生产设备存在零部件故障，导致设备的运行达不到要求。

④ 生产工艺流程不合理，出现了控制冲突、设备争用等现象，导致系统运行紊乱。

⑤ 生产流程涉及的设备或部门没有准备就绪，导致生产流程出现中断。

智能制造系统故障冲突中，生产设备故障主要有三种，分别是系统故障、仪表故障和对象故障。按照故障冲突发生的性质，可分为硬故障和软故障两大类。硬故障主要是由设备硬件问题引起的一类故障；软故障则主要是因系统软件、智能算法或生产流程等设计不合理或存在某种缺陷而导致的一类故障。智能制造系统的故障冲突一般具有以下特点：

（1）随机性

智能制造系统的生产过程涉及很多设备及软件，这些设备及软件的运行环境千差万别，这就导致系统出现故障冲突具有一定的突发性和不确定性。

（2）相关性

智能制造系统虽然复杂但却是一个整体，各生产单元之间具有一定的联系，这导致故障冲突具有一定的相关性。有时制造系统中某一处出现故障冲突，会引起多处故障冲突，甚至导致整个系统瘫痪。

（3）层次性

智能制造系统的故障冲突具有一定的层次性，从低到高分为元件层、部件层、子系统层和系统层。往往低层的故障冲突会引起高层故障冲突，而高层故障冲突未必存在低层的故障冲突，需要进一步诊断。

（4）可预测性

智能制造系统的故障冲突虽然种类复杂，但不同种类的故障冲突却呈现不同的特点或现象，企业可根据这些特点或现象进行预测，达到提前防范的目的。

智能制造系统中的故障冲突对企业造成了巨大的安全隐患，也势必给企业带来巨大的经济损失，为此，企业需要对其进行诊断。所谓故障冲突诊断，是指根据某些策略对制造系统各设备、工艺流程或算法存在的故障进行判断，确定异常生产单元具体位置的一系列检测过程。故障冲突诊断的基本任务有故障冲突检测、故障冲突识别、故障冲突分离评估、故障冲突决策和评价等。通常，智能制造系统故障冲突诊断有以下几种分类方法：

（1）诊断的时间间隔

主要是指故障冲突诊断时间是否连续。若诊断时间连续且始终伴随着整个生产制造过程，则该诊断属于连续诊断；若诊断时间间隔不连续，而是按固定时间诊断，则该诊断属于定期诊断。显然，连续诊断成本高，可用于关键性生产设备或工艺流程；定期诊断正好相反，可用于非关键生产设备或工艺流程。

（2）诊断的对象

主要是指故障冲突诊断的对象是生产设备的功能，还是整个生产过程。若属于前者，则该诊断为功能性诊断；若属于后者，则该诊断为过程性诊断。显然，功能性诊断时间短、成本低，主要用于设备的安装、调试或保养检修；过程性诊断时间长、成本高，主要用于整个生产过程。

（3）诊断的目的

主要是指故障冲突诊断的目的是什么。若为正常的检修测试，则该诊断属于常规诊断；若出于某种特殊目的，则该诊断属于特殊诊断。显然，常规诊断是一种周期性例行检查；特殊诊断则是根据生产需要随时进行的不确定性检查。

（4）诊断的信息反馈

主要是指在故障冲突诊断过程中，信息的收集方式是什么。若诊断信息直接反馈给相关子程序，则该诊断属于直接诊断；若诊断信息通过某个单元二次反馈给相关子程序，则该诊断属于间接诊断。显然，直接诊断的实时性好，但费用相对较高；而间接诊断则正好相反。

随着人工智能的不断发展，故障冲突诊断的方式也发生了改变。目前，在传统的故障冲突诊断过程中融入人工智能算法已成为大势所趋，形成了智能化故障冲突诊断。所谓智能化故障冲突诊断，主要是指融入了人工智能算法的故障冲突诊断过程，由技术人员、脑模拟软硬件、专家数据库系统及相关外部生产设备和软件等组成，在人工智能算法推理的环境下，对生产设备或工艺流程进行故障冲突诊断。显然，智能化故障冲突诊断具有自学习功能，并能够实时对生产设备或工艺流程进行诊断。智能化冲突诊断的主要优势如下：

① 实时发现故障冲突，精准地确定故障冲突发生的位置，给出解决故障冲突的建议；

② 及时隔离发生故障冲突的单元，切换相关设备或调整生产工艺流程，确保生产过程连续；

③ 预测生产设备或生产工艺流程的潜在故障冲突，为避免故障冲突提供技术保障；

④ 提出设备维修或生产工艺调整决策，减少生产成本，降低故障率，提高设备或生产工艺的利用率。

因此，数字孪生体故障冲突诊断模型属于一种智能化故障诊断，应采用人工智能算法对其进行控制。

7.1.1 数字孪生体故障冲突类型

数字孪生体模型可用于制造系统的故障冲突诊断，通常能够诊断以下三种类型的故障冲突。

（1）工艺链资源使用冲突

这类冲突主要是指生产流程工艺链中所涉及的不同生产设备在同一时

间段内发生了争用同一种资源的情况。若不及时发现该类冲突，可导致生产资源供应混乱或设备无可用资源从而造成生产流程中断等严重后果。

（2）工艺链数据使用冲突

这类冲突主要是指生产流程工艺链所涉及的不同数据对象在同一时间段内发生了对同个数据的读写冲突、写读冲突或写写冲突等情况。若不及时发现该类冲突，可导致部分生产数据丢失、被修改或读"脏"数据等问题，最终导致制造系统出现不可靠等严重后果。

（3）工艺链控制命令冲突

这类冲突主要是指生产流程工艺链所涉及的不同生产单元在同一时间段内发生了控制指令自相矛盾等情况。若不及时发现该类冲突，可导致生产单元执行顺序混乱从而造成生产流程中断等严重后果。

生产工艺链的这些故障冲突都能产生严重后果，企业应及时发现并解决。对于工艺链资源使用冲突，通常可采用冗余资源法或资源调度算法进行解决；对于工艺链数据使用冲突，通常可采用优化生产工艺链调度算法、加锁技术或增加数据旁路等技术进行解决；对于工艺链控制命令冲突，通常可采用指令提前预测法或优化生产工艺链调度算法等技术进行解决。

7.1.2 数字孪生体诊断模型常用的量化方法

数字孪生体模型的建立与其表征的工艺链调度流程密切相关，它可将复杂的工艺关系进行直观的抽象和描述，也可以根据某些特殊工艺流程的需要进行量化，从而更好地完成分析工作，做到科学优化调度。对于数字孪生体模型常用的量化方法，国内外学者进行了广泛研究。

（1）数字孪生体诊断模型随机量化

该量化方法主要是对生产工艺流程分解后的位置节点和过渡节点按时间先后顺序进行量化求解，从而确定整个数字孪生体模型在执行过程中存在的冲突。

（2）数字孪生体诊断模型队列量化

该量化方法主要是将工序之间的偏序关系按时间先后建立队列，然后根据队列图中位置和过渡节点在实际工序中的角色，分配权值并进行整体工作流的量化求解，从而完成整体工序的冲突诊断。

（3）数字孪生体诊断模型马尔科夫量化

该量化方法将马尔科夫数学理论引入数字孪生体模型的量化过程中，因此具有极强的数学理论基础。然而，现有的数字孪生体诊断模型并不适合引入马尔科夫量化方法，必须进行改进。为此，在数字孪生体诊断模型中引入时间延迟和执行概率两个属性，使改进后的数字孪生体诊断模型具备很好的马尔科夫量化和求解特性，便于冲突诊断。

7.1.3　故障冲突诊断方法

数字孪生体诊断模型的量化为智能制造系统整体执行性能的定量分析提供了依据，但无法准确地发现智能制造系统中相互矛盾的环节，为此，应对量化后的模型进行冲突诊断。

（1）冲突静态诊断法

该方法主要是在数字孪生体诊断模型被量化后，研究各位置和过渡节点转换前的数值是否存在超常现象，若存在超常现象，则将其标识为冲突异常并进行解决。冲突静态诊断法比较适合智能制造系统工艺链运行前的准备阶段。

（2）离散点冲突诊断法

该方法主要统计数字孪生体诊断模型中各位置节点的驱动事件，定期离散地将这些节点进行驱动，计算是否存在冲突，若存在冲突，则进行标识并解决；如不存在冲突，则修改各节点的量化值并在下一次驱动过程中进行诊断。该方法的难点在于如何设置驱动同步，主要应用于位置节点比较谨慎的数字孪生体诊断模型中。

（3）连续点冲突诊断法

该方法是在数字孪生体诊断模型量化后，立即让模型中的工作流不间断持续运转，从而在整个运转过程中动态实时检测各位置节点的参数值，发现冲突及时解决。因此，该方法要求智能制造系统工艺链的运转实时性要好，但实现起来有一定的难度。

　智能制造系统的数字孪生技术：建模、优化及故障诊断

（4）离散—连续混合点冲突诊断法

该方法介于离散点冲突诊断法和连续点冲突诊断法之间，兼具两者的优点。对于数字孪生体诊断模型中比较谨慎且操作不方便的位置节点，采用离散点冲突诊断法；对于简单实时性好的位置节点，采用连续点冲突诊断法。因此，该方法具有很好的实际操作性，也便于实现。

7.2
智能制造故障冲突诊断数字孪生体描述

智能制造系统中的生产流程众多，故障冲突检查也十分困难。为了方便阐述，这里仍然以某汽车制造企业为例介绍智能制造企业中生产工艺冲突诊断数字孪生体的描述过程。

7.2.1 计划与销售过程分析

某汽车制造企业早期使用预测计划的生产模型，即提前一至三个月进行市场调研，预测每种型号、配置的汽车数量，然后根据汽车数量确定是否需要生产。若满足生产条件，则制订相关的生产计划，并下达给各车间进行整车加工，流程如图 7-1 所示。当真实的订单数量与企业制订的生产计划存在一定差别时，企业将根据柔性制造原理，动态调整本期和下期的生产计划。

经销商只负责向该汽车制造企业提供用户的订单信息，不参与汽车生产计划的预测和制订。该汽车制造企业的生产计划部门参照经销商提供的订单并结合本企业的实际制订生产计划，生产后的汽车成品也将强行交给各经销商进行销售。

随着市场不确定性的大幅增加及汽车制造企业汽车种类的增多，这种预测计划生产的模式变得越来越困难。该汽车制造企业往往因预测错误而生产大量的汽车，导致库存积压，虽然该汽车制造企业的销售部门采取了促销等手段，但还是经常出现资金积压、利润降低和返修率增加等问题。为此，该汽车制造企业改用了按订单混合生产的计划销售模式。

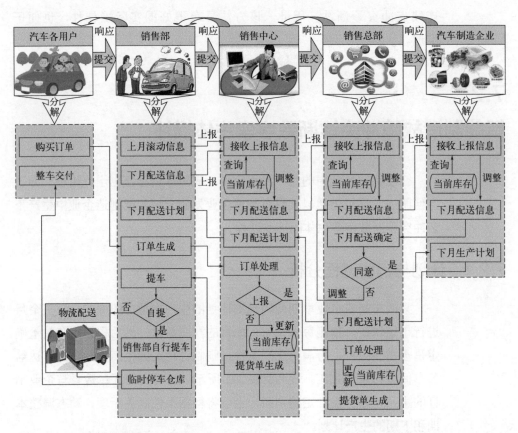

图 7-1　计划与销售流程

7.2.2　订单混合生产过程分析

目前，该汽车制造企业采用按订单混合生产的计划销售模式，主要包括市场订单收集、生产计划下达、汽车工艺链协同调度和汽车物流四个部分，如图 7-2 所示。

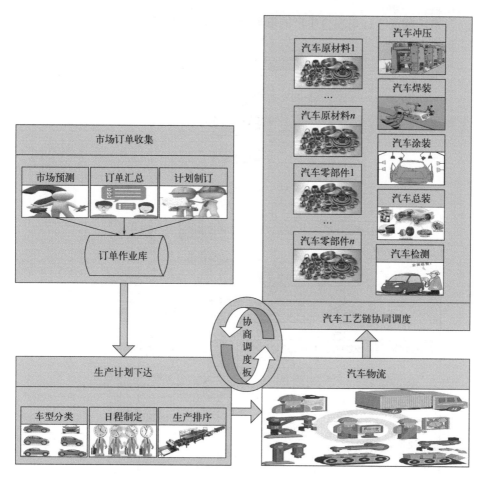

图7-2　订单混合生产模式

　　该汽车制造企业根据反馈的市场订单情况制订相应的生产计划，并将生产计划发送给汽车工艺链协同调度系统和汽车物流部门，汽车物流部门根据生产计划安排物流时间及相应的运输工具，汽车工艺链协同调度系统则根据生产计划进行协同制造。由于订单混合生产模式涉及用户、各经销商、汽车制造公司、各原材料供应商、各零部件供应商及市场预测、生产计划等方面的数据，因此订单混合生产模式的首要工作就是确保这些数据的实时性、准确性和完整性。为此，该汽车制造企业采用了先进的计算机信息管理工具、网络通信技术以及现代企业管理技术，制定了订单混合生产的管理流程，如图 7-3 所示。

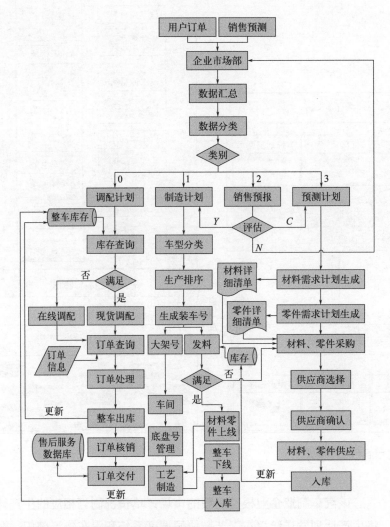

图 7-3　订单混合生产的管理流程

其中，Y 表示通过评估，可进行生产；C 表示评估通过，可进行生产前原材料及零部件的准备工作；N 表示未通过评估，拒绝生产。

7.2.3　订单交付过程分析

该汽车制造企业的订单交付主要包括以下几个过程：

（1）用户询价过程

产生购车意愿后，用户会开始询价，即通过各种可能的渠道收集各类型汽车的性能、价格、汽车制造企业、各分销商、促销手段及售后服务等信息，对比分析后决定购买何种汽车。因此，该汽车制造企业应采取措施准确掌握用户的心理，把握市场的发展方向。

（2）订单处理过程

用户将订单反馈至汽车制造企业后，该汽车制造企业会严格跟踪订单处理的整个过程。为缩短交付周期，协同调度系统动态地将订单并行分配到整个工艺链中，为订单的快速执行做好准备。

（3）汽车销售过程

汽车销售部门会根据当地市场情况，采用合适的促销手段进行汽车销售，以平衡供需关系，尽量减少企业库存积压。

（4）计划生产过程

该汽车制造企业根据市场订单反馈情况，同时结合市场预测，制订生产计划，并监督其执行情况。

（5）制造及物流过程

该汽车制造企业根据生产计划协同调度汽车的制造过程，做好原材料及零部件采购、汽车工艺加工、质量检测和汽车物流运输等工作，保证汽车按时交付给用户。

（6）分销过程

汽车分销包括经销商库存监控及汽车配送两部分。经销商库存监控主要是指通过计算机网络迅速查询用户指定的汽车库存位置，以方便汽车定位；汽车配送是指找到用户满意的汽车后，及时安排运输。

（7）交付过程

该汽车制造企业的交付过程是，首先将汽车交付给各地经销商，再由各地经销商交付给用户。这个过程可确保经销商在汽车交付给用户之前对汽车质量进行最后的检测，以进一步减少汽车的质量问题。

该汽车制造企业的汽车订单交付流程如图7-4所示，其中的数据为该汽车制造企业的一般统计数据。

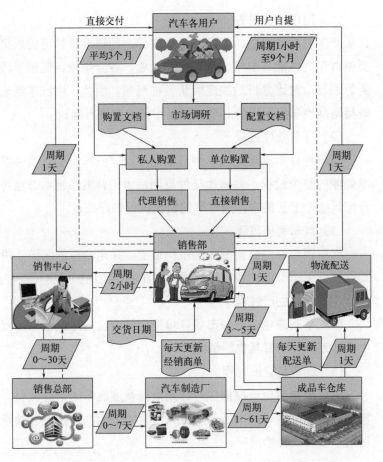

图 7-4　汽车订单交付流程

7.2.4　汽车制造协同过程分析

通过对该汽车制造企业的汽车制造供应链整体结构和过程进行分析，可以发现汽车的加工制造需要众多工艺车间和众多原材料及零部件供应商协同完成。每一辆汽车的加工制造，从原材料采购至分销商销售都必须严格按照协同业务流程来执行，如图 7-5 所示。

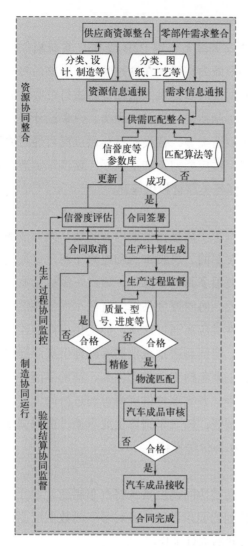

图 7-5　汽车制造协同流程

　　该汽车制造企业的协同业务流程主要包括资源协同整合和制造协同运行两个方面，其中，资源协同整合包括供应商资源整合、零部件需求整合和供需匹配整合三部分；制造协同运行包括生产过程协同监控和验收结算协同监督两部分。

（1）供应商资源整合

汽车制造供应链协同调度系统跟 B2B 或 B2C 系统相似，需要原材料供应商提供相应的供应能力描述，在通过验证、审核后接入协同调度系统。协同调度系统根据供应商提供的验证资料进行分类，分类列表主要包括汽车材料类、汽车制造类、设备工程类、汽车设计类、汽车软件类、检测服务类、电子制造类等。各类原材料供应商可通过协同调度系统更新自己的供应描述、供应能力及加工水平；该汽车制造企业可通过协同调度系统评价和选择各类原材料供应商。

（2）零部件需求整合

该汽车制造企业的汽车主体是在企业内各制造车间完成的，包括冲压车间、焊装车间、涂装车间、总装车间和检测车间，但是汽车是复杂产品，除此之外，还需要很多其他零部件，该汽车制造企业主要将其委托给其他企业制造。因此，协同调度系统应对汽车零部件供应商进行整合。工艺链中的各零部件供应商通过注册、提交供应商描述、验证和审核后进入协同调度系统。协同调度系统根据零部件供应商提供的描述对其进行分类，分类列表主要包括主要零部件类、辅助零部件类、电气零部件类、气动零部件类等。各零部件供应商可通过协同调度系统更新自己的供应能力、供应范围等；该汽车制造企业可通过协同调度系统完成对零部件供应商的查询和评价等操作。

（3）供需匹配整合

该汽车制造企业可通过协同调度系统将汽车制造计划分成若干个子计划，并按照每个子计划的要求进行"多对多"的数据挖掘，找到合适的供应商，完成供应合同的签订工作。

（4）生产过程协同监控

该汽车制造企业通过协同调度系统完成对零部件生产过程的监控，包括零部件的跟踪生产和控制生产。协同调度系统通过现代计算机技术、传感器技术等将各供应商制造零部件及原材料的数据汇总到该汽车制造企业，以便该企业及时监测和分析这些数据，完成对零部件及原材料制造的跟踪。该汽车制造企业通过对零部件制造的跟踪，并结合现代管理工具，准确及时地完成对生产过程的控制。

（5）验收结算协同监督

该汽车制造企业通过协同调度系统监控供应合同的执行情况，若各类供应商能够及时、合格地完成供应任务，则结束该合同并对供应商进行评价。若各类供应商供应的原材料或零部件存在问题，则令其修改，修改合格后结束该合同并进行评价；若修改后仍不合格，则终止供应合同，启动违约处理流程，并对供应商进行评价。此外，该汽车制造企业还通过协同调度系统完成汽车售后意见的收集和评价工作。

可结合第 4 章案例对以上各过程创建对应的数字孪生模型。

7.3
数字孪生模型半马尔科夫故障冲突诊断算法

7.3.1 诊断模型的相关定义及建立

将数字孪生诊断模型、工作流模型和马尔科夫理论相结合用于汽车制造工艺链故障冲突诊断，具有一定的科学性和先进性，然而简单地将三者相融合，却存在描述不匹配、诊断不同步等问题，为此，应将三者进行必要的改造，涉及如下相关定义。

（1）马尔科夫工作流模型

该模型用于描述和分析汽车制造工艺链的总体量化和状态转换过程，可形式化为五元组 $MWFM(SPG,H,S,V)$，其中，$MWFM$ 是模型名称；SPG 为对应的静态 Petri 网模型参数；H 为完成每个节点所用时间的集合，可表示为 $H=(h_1,h_2,\cdots,h_i,\cdots,h_n)$；$S$ 为工作流模型各位置节点转换的状态集合，可表示为 $S=(s_1,s_2,\cdots,s_i,\cdots,s_m)$；$V$ 为完成状态节点转换的速度集合，可表示为 $V=(v_1,v_2,\cdots,v_i,\cdots,v_n)$，通常情况下，集合 V 中的元素 v_i 与从状态 s_j 直接转换到状态 s_i 所用的时间 h_{ji} 存在函数关系 $v_i \times h_{ji}=1$。

（2）转移概率集

该概率集是指马尔科夫工作流模型 $MWFM$ 中各状态 s_i 之间相互转

移的概率值集合，可形式化为 $Q=(q_1,q_2,\cdots,q_i,\cdots,q_m)$。为简化变量种类，可将状态节点 s_i 的转移概率值 q_i 与静态 Petri 网模型 SPG 中量化权重值 q_i 取相同值。

（3）状态转移马尔科夫矩阵

该矩阵是马尔科夫工作流模型 $MWFM$ 中各状态间相互转换的概率构成的一个离散矩阵，可形式化为 $\boldsymbol{M}$。若马尔科夫工作流模型有 n 个状态，则状态转移马尔科夫矩阵 $\boldsymbol{M}$ 可进行如下描述：

$$
\boldsymbol{M}=\begin{array}{c} \\ s_1 \\ s_2 \\ s_3 \\ \cdots \\ s_i \\ \cdots \\ s_{n-2} \\ s_{n-1} \\ s_n \end{array}
\begin{array}{c} p_1 \quad p_2 \quad p_3 \quad \cdots \quad p_i \quad \cdots \quad p_{n-2} \quad p_{n-1} \quad p_n \\
\left[\begin{array}{ccccccccc}
q_{11} & q_{12} & q_{13} & \cdots & q_{1i} & \cdots & q_{1n-2} & q_{1n-1} & q_{1n} \\
q_{21} & q_{22} & q_{23} & \cdots & q_{2i} & \cdots & q_{2n-2} & q_{2n-1} & q_{2n} \\
q_{31} & q_{32} & q_{33} & \cdots & q_{3i} & \cdots & q_{3n-2} & q_{3n-1} & q_{3n} \\
\cdots & \cdots & \cdots & \cdots & \cdots & \cdots & \cdots & \cdots & \cdots \\
q_{i1} & q_{i2} & q_{i3} & \cdots & q_{ii} & \cdots & q_{in-2} & q_{in-1} & q_{in} \\
\cdots & \cdots & \cdots & \cdots & \cdots & \cdots & \cdots & \cdots & \cdots \\
q_{n-21} & q_{n-22} & q_{n-23} & \cdots & q_{n-2i} & \cdots & q_{n-2n-2} & q_{n-2n-1} & q_{n-2n} \\
q_{n-11} & q_{n-12} & q_{n-13} & \cdots & q_{n-1i} & \cdots & q_{n-1n-2} & q_{n-1n-1} & q_{n-1n} \\
q_{n1} & q_{n2} & q_{n3} & \cdots & q_{ni} & \cdots & q_{nn-2} & q_{nn-1} & q_{nn}
\end{array}\right]_{n\times n}
\end{array}
$$

状态转移马尔科夫矩阵 $\boldsymbol{M}$ 中各元素的值可通过以下公式进行计算：

$$
\begin{cases}
q_{ij}=-\sum\limits_{j=1,j\neq i}^{S}q_{ij}, i=j, 1\leqslant i\leqslant n, 1\leqslant j\leqslant n \\
q_{ij}=f_{ij}(p_i)+\sum\limits_{k=i}^{j}s_k\cdot q_k, i\neq j, 1\leqslant i\leqslant n, 1\leqslant j\leqslant n
\end{cases}
\tag{7-1}
$$

（4）稳态概率集合

该集合是指马尔科夫工作流模型 $MWFM$ 中各状态 s_i 完成转移后趋于稳定状态的概率值集合，可形式化为 $\varGamma=(\pi_1, \pi_2, \cdots, \pi_i, \cdots, \pi_m)$。若马尔科夫工作流模型有 m 个状态，则稳态概率集合 $\varGamma$ 中元素可由以下公式进行计算：

$$
\begin{cases}
\varGamma\cdot M=0 \\
\sum\limits_{i=1}^{m}\pi_i=1
\end{cases}
\tag{7-2}
$$

（5）马尔科夫工作流模型平均执行比例时间集合

该集合是指马尔科夫工作流模型 $MWFM$ 中各状态 s_i 在完成的过

程中平均执行比例时间构成的集合，可形式化为 $AvgH=(avgh_1,avgh_2,\cdots,avgh_i,\cdots,avgh_m)$，集合 $AvgH$ 中元素 $avgh_i$ 可通过以下公式进行计算：

$$\begin{cases} avgh_i = \pi_i \times s_i.h \\ s.t. 1 \leqslant i \leqslant m \end{cases} \tag{7-3}$$

其中，π_i 表示该状态 s_i 在整个执行过程中的稳态概率。

（6）马尔科夫工作流模型总体平均执行比例时间

该总体平均执行比例时间是指马尔科夫工作流模型 $MWFM$ 执行完毕后所需要的总体平均执行比例时间，可形式化为 $SavgH$，且可通过以下公式进行计算：

$$\begin{cases} SavgH = \sum_{i=1}^{m} avgh_i \\ s.t. 1 \leqslant i \leqslant m \end{cases} \tag{7-4}$$

7.3.2 数字孪生体工作流诊断模型的量化约束

数字孪生体工作流冲突诊断模型在进行马尔科夫理论量化时，应限制一定的约束条件，否则不利于冲突诊断，这些限制性约束条件如下：

① 数字孪生体工作流冲突诊断模型中，任意两个位置节点的状态转换不能同时实施。

② 数字孪生体工作流冲突诊断模型中，任意一个转换状态 s_i 都是周期出现的，即该模型存在转换周期，在下一个周期内系统可重新开始。

③ 数字孪生体工作流冲突诊断模型是周期性转换的，其转换时间是有限的。

④ 数字孪生体工作流冲突诊断模型同构于一个齐次数学方程，因此可进行方程求解。

为简化冲突诊断，对数字孪生体工作流冲突诊断模型在以上约束条件下进行量化求解，可进一步分析各转换状态的执行比例时间。

7.3.3 数字孪生体工作流冲突诊断模型的量化及求解

根据汽车制造工艺链的特点及数字孪生体工作流冲突诊断模型的相

关定义和约束条件，量化求解算法 MkoWSA 的工作步骤如下：

步骤①：将汽车制造工艺链中位置节点和过渡节点进行抽象，并分类形成数字孪生体工作流冲突诊断模型；

步骤②：根据马尔科夫理论及约束，将工作流模型转化为数字孪生体马尔科夫工作流冲突诊断模型 $MWFM$；

步骤③：利用公式（7-1）并结合工艺链相关数据计算矩阵 M；

步骤④：利用公式（7-2）计算求解马尔科夫工作流模型 $MWFM$ 中各转换状态 s_i 的稳态概率集合 Γ；

步骤⑤：利用公式（7-3）并结合工艺链相关数据计算马尔科夫工作流模型 $MWFM$ 中各状态 s_i 完成过程中平均执行比例时间构成的集合 $AvgH$；

步骤⑥：利用公式（7-4）计算马尔科夫工作流模型 $MWFM$ 总体平均执行比例时间 $SavgH$，完成系统的执行性能分析，作出结论。

按照马尔科夫工作流模型量化求解算法 MkoWSA 并结合具体生产工艺数据，可以科学地量化汽车制造工艺链中特殊工作流程，并为这些流程的执行比例时间性能分析提供故障冲突检测数据。

7.4
智能制造系统数字孪生故障冲突诊断过程

7.4.1　模型故障冲突诊断的相关定义

汽车制造工艺链整体流程涉及众多的部门和车间，这就导致各部门和车间之间在进行原材料、零部件及半成品交接时可能产生资源交接延迟等问题，从而造成整车交付延迟，给企业造成严重的经济损失。为此，企业应重点诊断汽车制造整体工艺流程的各环节交接处是否存在资源使用冲突等问题。这里采用离散—连续混合点冲突诊断法，设计一套工作流资源输入—产品输出的状态转换模型，完成对汽车制造工艺链整体流程的冲突诊断。

（1）资源输入矩阵

资源输入矩阵是数字孪生体工作流冲突诊断模型中各过渡节点与位置节点之间的资源输入关系矩阵，可表示为 EN。在矩阵 EN 中，过渡节点 t_i 表示触发该条件的资源输入情况，位置节点 p_i 表示资源的加工过程。资源输入矩阵 EN 可描述为：

$$EN = \begin{matrix} & p_1 & p_2 & p_3 & \cdots & p_i & \cdots & p_{n-1} & p_n & p_{n+1} \\ t_1 \\ t_2 \\ \cdots \\ t_j \\ \cdots \\ t_{m-1} \\ t_m \end{matrix} \begin{bmatrix} \delta_{11} & \delta_{12} & \delta_{13} & \cdots & \delta_{1i} & \cdots & \delta_{1n-1} & \delta_{1n} & \delta_{1n+1} \\ \delta_{21} & \delta_{22} & \delta_{23} & \cdots & \delta_{2i} & \cdots & \delta_{2n-1} & \delta_{2n} & \delta_{2n+1} \\ \cdots & \cdots & \cdots & \cdots & \cdots & & \cdots & \cdots & \cdots \\ \delta_{j1} & \delta_{j2} & \delta_{j3} & \cdots & \delta_{ji} & \cdots & \delta_{jn-1} & \delta_{jn} & \delta_{jn+1} \\ \cdots & \cdots & \cdots & \cdots & \cdots & & \cdots & \cdots & \cdots \\ \delta_{m-11} & \delta_{m-12} & \delta_{m-13} & \cdots & \delta_{m-1i} & \cdots & \delta_{m-1n-1} & \delta_{m-1n} & \delta_{m-1n+1} \\ \delta_{m1} & \delta_{m2} & \delta_{m3} & \cdots & \delta_{mi} & \cdots & \delta_{mn-1} & \delta_{mn} & \delta_{mn+1} \end{bmatrix}_{m \times (n+1)}$$

其中，位置节点 p_{n+1} 表示该局部数字孪生体工作流冲突诊断模型执行完毕时成品或半成品输出情况，这里一般取值为 0；δ_{ji} 值取 0 或 1。若 δ_{ji} 为 0，则表示过渡节点 t_j 向位置节点 p_i 没有输入相关资源；若 δ_{ji} 为 1，则表示过渡节点 t_j 向位置节点 p_i 输入了相关资源。

（2）成品输出矩阵

成品输出矩阵是数字孪生体工作流冲突诊断模型中各过渡节点与位置节点之间的成品或半成品输出关系矩阵，可表示为 EX。在矩阵 EX 中，过渡节点 t_i 表示触发该条件的资源转移情况，位置节点 p_i 表示资源的加工过程。成品输出矩阵 EX 可描述为：

$$EX = \begin{matrix} & p_1 & p_2 & p_3 & \cdots & p_i & \cdots & p_{n-1} & p_n & p_{n+1} \\ t_1 \\ t_2 \\ \cdots \\ t_j \\ \cdots \\ t_{m-1} \\ t_m \end{matrix} \begin{bmatrix} \delta_{11} & \delta_{12} & \delta_{13} & \cdots & \delta_{1i} & \cdots & \delta_{1n-1} & \delta_{1n} & \delta_{1n+1} \\ \delta_{21} & \delta_{22} & \delta_{23} & \cdots & \delta_{2i} & \cdots & \delta_{2n-1} & \delta_{2n} & \delta_{2n+1} \\ \cdots & \cdots & \cdots & \cdots & \cdots & & \cdots & \cdots & \cdots \\ \delta_{j1} & \delta_{j2} & \delta_{j3} & \cdots & \delta_{ji} & \cdots & \delta_{jn-1} & \delta_{jn} & \delta_{jn+1} \\ \cdots & \cdots & \cdots & \cdots & \cdots & & \cdots & \cdots & \cdots \\ \delta_{m-11} & \delta_{m-12} & \delta_{m-13} & \cdots & \delta_{m-1i} & \cdots & \delta_{m-1n-1} & \delta_{m-1n} & \delta_{m-1n+1} \\ \delta_{m1} & \delta_{m2} & \delta_{m3} & \cdots & \delta_{mi} & \cdots & \delta_{mn-1} & \delta_{mn} & \delta_{mn+1} \end{bmatrix}_{m \times (n+1)}$$

其中，位置节点 p_{n+1} 表示该局部数字孪生体工作流冲突诊断模型执行完毕时成品或半成品输出情况；δ_{ji} 值取 0 或 1。若 δ_{ji} 为 0，则表示过渡节点 t_j 向位置节点 p_i 没有输入相关资源，且没有产出；若 δ_{ji} 为 1，则表示过渡节点 t_j 向位置节点 p_i 输入了相关资源，且有产出。

（3）数字孪生体工作流冲突诊断资源输入 - 产品输出模型

该模型用于诊断和分析汽车制造工艺链中是否存在资源使用冲突，可形式化为六元组 $RPWFM(SPG,EN,EX,I,F)$，其中，$RPWFM$ 是模型名称；SPG 为对应的静态 Petri 网模型参数；EN 为该模型的资源输入矩阵；EX 为该模型的成品输出矩阵；I 为该模型的初始位置节点工作状态矩阵，可表示为 $I=(\delta_1,\delta_2,\cdots,\delta_i,\cdots,\delta_{n+1})$；$F$ 为该模型的终止位置节点工作状态矩阵，可表示为 $F=(\delta_1,\delta_2,\cdots,\delta_i,\cdots,\delta_{n+1})$，$\delta_i$ 取值为 0 或 1。若 δ_i 取值为 0，则表示该位置节点没有输出成品或半成品；若 δ_i 取值为 0，则表示该位置节点输出了成品或半成品。

7.4.2 模型故障冲突诊断操作规则

由于数字孪生体工作流冲突诊断模型中存在多个位置节点汇总到单个过渡节点和多个过渡节点汇总到单个位置节点两种情况，因此在进行数字孪生体工作流冲突诊断模型状态转换时，应采取某些操作规则完成对这两种情况的整合。

7.4.2.1 多位置节点汇总单一过渡节点操作规则

该规则主要是将多个位置节点的成品或半成品输出汇总至某过渡节点后变成新的资源输入，以便后续位置节点的进一步加工，可形式化为 $P\&(RPWFM_1,RPWFM_2,\cdots,RPWFM_i,\cdots,RPWFM_n)$。若对几个数字孪生体工作流冲突诊断资源输入 - 产品输出模型进行 $P\&$ 操作，新形成的数字孪生体工作流冲突诊断资源输入 - 产品输出模型中的资源输入矩阵 EN、成品输出矩阵 EX、初始位置节点工作状态矩阵 I 都要进行调整。

（1）资源输入矩阵 EN

新的资源输入矩阵 EN_{new} 为各资源输入矩阵 EN 的合并扩充，新增加汇总过渡节点的资源输入及汇总位置节点成品或半成品输出，应根据工作流图设置。

（2）成品输出矩阵 EX

新的成品输出矩阵 EX_{new} 为各成品输出矩阵 EX 的合并扩充，新增加汇总过渡节点的资源输入及汇总位置节点成品或半成品输出，应根据工作流图设置。

（3）初始位置节点工作状态矩阵 I

新的初始位置节点工作状态矩阵 I_{new} 为各模型初始位置节点工作状态矩阵 I 的合并扩充，新增加汇总位置节点的成品或半成品输出其值为 0。

以上的调整过程如图 7-6 所示。

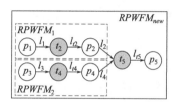

图 7-6　两个工作流模型执行 $P\&$ 操作的过程

由图可知，工作流模型 $RPWFM_1$ 和工作流模型 $RPWFM_2$ 中资源输入矩阵 EN_1 和 EN_2、成品输出矩阵 EX_1 和 EX_2、初始位置节点工作状态矩阵 I_1 和 I_2 的数据如下：

$$EN_1 = t_2 \begin{matrix} p_1 & p_2 \\ [1 & 0] \end{matrix}_{1\times 2} \quad EX_1 = t_2 \begin{matrix} p_1 & p_2 \\ [0 & 1] \end{matrix}_{1\times 2} \quad I_1 = (1 \quad 0)$$

$$EN_2 = t_4 \begin{matrix} p_3 & p_4 \\ [1 & 0] \end{matrix}_{1\times 2} \quad EX_2 = t_4 \begin{matrix} p_3 & p_4 \\ [0 & 1] \end{matrix}_{1\times 2} \quad I_2 = (1 \quad 0)$$

对工作流模型 $RPWFM_1$ 和工作流模型 $RPWFM_2$ 实施多位置节点汇总单一过渡节点操作 $P\&(RPWFM_1, RPWFM_2)$，新的工作流模型 $RPWFM_{new}$ 中的数据为：

$$EN_{new} = \begin{matrix} & p_1 & p_2 & p_3 & p_4 & p_5 \\ t_2 & [1 & 0 & 0 & 0 & 0] \\ t_4 & [0 & 0 & 1 & 0 & 0] \\ t_5 & [0 & 1 & 0 & 1 & 0] \end{matrix}_{3\times 5} \quad EX_{new} = \begin{matrix} & p_1 & p_2 & p_3 & p_4 & p_5 \\ t_2 & [0 & 1 & 0 & 0 & 0] \\ t_4 & [0 & 0 & 0 & 1 & 0] \\ t_5 & [0 & 0 & 0 & 0 & 1] \end{matrix}_{3\times 5} \quad I_{new} = (1 \; 0 \; 1 \; 0 \; 0)$$

7.4.2.2 多过渡节点汇总单一位置点操作规则

该规则主要是将多个过渡节点的资源输入汇总至某位置节点进行成品或半成品的加工，以便该位置节点选择输入资源，可形式化为 $Tor(RPWFM_1, RPWFM_2, \cdots, RPWFM_i, \cdots, RPWFM_n)$。若对几个数字孪生体工作流冲突诊断资源输入 - 产品输出模型进行 Tor 操作，新形成的数字孪生体工作流冲突诊断资源输入 - 产品输出模型中的资源输入矩阵 EN、成品输出矩阵 EX、初始位置节点工作状态矩阵 I 都要进行调整。

（1）资源输入矩阵 EN

新的资源输入矩阵 EN_{new} 为各模型资源输入矩阵 EN 的合并扩充，新增加汇总过渡节点的资源输入及汇总位置节点成品或半成品输出，应根据工作流图设置。

（2）成品输出矩阵 EX

新的成品输出矩阵 EX_{new} 为各模型成品输出矩阵 EX 的合并扩充，新增加汇总过渡节点的资源输入及汇总位置节点成品或半成品输出，应根据工作流图设置。

（3）初始位置节点工作状态矩阵 I

新的初始位置节点工作状态矩阵 I_{new} 为各模型初始位置节点工作状态矩阵 I 的合并扩充，新增加汇总位置节点的成品或半成品其值为 0。

以上的调整过程如图 7-7 所示。

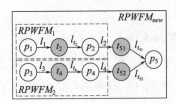

图 7-7　两个工作流模型执行 Tor 操作的过程

由图可知，工作流模型 $RPWFM_1$ 和工作流模型 $RPWFM_2$ 中资源输入矩阵 EN_1 和 EN_2、成品输出矩阵 EX_1 和 EX_2、初始位置节点工作状态矩阵 I_1 和 I_2 的数据如下：

$$EN_1 = t_2 \overset{p_1 \ p_2}{\begin{bmatrix} 1 & 0 \end{bmatrix}}_{1\times2} \quad EX_1 = t_2 \overset{p_1 \ p_2}{\begin{bmatrix} 0 & 1 \end{bmatrix}}_{1\times2} \quad I_1 = \begin{pmatrix} 1 & 0 \end{pmatrix}$$

$$EN_2 = t_4 \overset{p_3 \ p_4}{\begin{bmatrix} 1 & 0 \end{bmatrix}}_{1\times2} \quad EX_2 = t_4 \overset{p_3 \ p_4}{\begin{bmatrix} 0 & 1 \end{bmatrix}}_{1\times2} \quad I_2 = \begin{pmatrix} 1 & 0 \end{pmatrix}$$

对工作流模型 $RPWFM_1$ 和工作流模型 $RPWFM_2$ 实施多位置节点汇总单一过渡节点操作 $Tor\ (RPWFM_1, RPWFM_2)$，新的工作流模型 $RPWFM_{new}$ 中的数据为：

$$EN_{new} = \begin{matrix} t_2 \\ t_4 \\ t_{51} \\ t_{52} \end{matrix} \overset{p_1 \ p_2 \ p_3 \ p_4 \ p_5}{\begin{bmatrix} 1 & 0 & 0 & 0 & 0 \\ 0 & 0 & 1 & 0 & 0 \\ 0 & 1 & 0 & 0 & 0 \\ 0 & 0 & 0 & 1 & 0 \end{bmatrix}}_{4\times5} \quad EX_{new} = \begin{matrix} t_2 \\ t_4 \\ t_{51} \\ t_{52} \end{matrix} \overset{p_1 \ p_2 \ p_3 \ p_4 \ p_5}{\begin{bmatrix} 0 & 1 & 0 & 0 & 0 \\ 0 & 0 & 0 & 1 & 0 \\ 0 & 0 & 0 & 0 & 1 \\ 0 & 0 & 0 & 0 & 1 \end{bmatrix}}_{4\times5} \quad I_{new} = \begin{pmatrix} 1 & 0 & 1 & 0 & 0 \end{pmatrix}$$

7.4.3 模型故障冲突诊断过程

根据模型故障冲突诊断相关定义及汽车制造总体工艺流程特点，离散 - 连续混合点故障冲突诊断算法 D-CWCDA 的策略如下：

步骤①：扫描整个数字孪生体工作流冲突诊断模型，将数字孪生工作流冲突诊断模型按照多过渡节点汇总至单个位置节点和多个位置节点汇总到单个过渡节点的方式分为多个局部工作流模型并编号，形成各自的数字孪生体工作流冲突诊断资源输入—产品输出模型 $RPWFM_i$；

步骤②：计算各模型 $RPWFM_i$，标注各自的相关参数；

步骤③：顺序扫描各个数字孪生体工作流冲突诊断资源输入 - 产品输出模型 $RPWFM_i$，如相邻模型之间可执行 $P\&(RPWFM_1, RPWFM_2, \cdots, RPWFM_i, \cdots, RPWFM_n)$ 操作，则执行该操作，形成新的数字孪生体工作流冲突诊断资源输入—产品输出模型 $RPWFM_{new}$，并计算新工作流模型的相关参数；

步骤④：顺序扫描各个数字孪生体工作流冲突诊断资源输入—产品输出模型 $RPWFM_i$，如相邻模型之间可执行 $Tor(RPWFM_1, RPWFM_2, \cdots, RPWFM_i, \cdots, RPWFM_n)$ 操作，则执行该操作，形成新的数字孪生体工作流冲突诊断资源输入—产品输出模型 $RPWFM_{new}$，并计算新工作流模型的相关参数；

步骤⑤：若所有局部工作流模型 $RPWFM_i$ 都汇总至工作流模型 $RPWFM_{new}$，则执行步骤⑥，否则执行步骤③；

步骤⑥：输入工作流模型 $RPWFM_{new}$ 的期望终止位置节点工作状态矩阵 $F=(\delta_1,\delta_2,\cdots,\delta_i,\cdots,\delta_{n+1})$；

步骤⑦：设置位置节点未知正整数可达矩阵 $G=(g_1,g_2,\cdots,g_i,\cdots,g_m)$；

步骤⑧：通过方程式 $G=(F-I_{new})\cdot(EX_{new}-EN_{new})^{-1}$ 求解，若可求解矩阵 G，则说明整体数字孪生体工作流冲突诊断模型不存在使用资源冲突；若不可求解矩阵 G，则说明整体数字孪生体工作流冲突诊断模型存在使用资源冲突，应进一步分析；

步骤⑨：完成数字孪生体工作流冲突诊断模型系统的冲突诊断，给出分析结论。

按照离散—连续混合点冲突诊断算法 D-CWCDA，并结合具体生产供应数据，可以科学准确地诊断汽车制造工艺链中存在的资源使用冲突，为汽车制造企业减少一定的损失。

7.5
典型案例应用

7.5.1 模型算法执行性能验证

该汽车制造企业生产管理计划的制订充分考虑了用户订单及整车制造情况，利用订单混合生产管理流程算法进行执行性能分析。在具体的生产管理过程中，导购员将用户购买整车的情况通过订单系统输入生产管理系统中，进而分解成生产计划和物料采购计划。该汽车制造企业各生产车间根据生产计划有序生产汽车，外购配件的物料采购计划统一交由采购部门进行采购，采购过程以供给的方式提交到相关库房，并通过看板方式提交至总装车间，整车总装下线后经过质量控制，然后按订单交付给用户，完成整个订单混合生产管理流程。

7.5.1.1 订单混合生产管理工作流模型量化

为了便于研究，这里只讨论订单混合生产管理过程的主要矛盾，忽略次要矛盾，介绍折中后数字孪生体工作流冲突诊断模型的建立及量化过程。

扫描该汽车制造企业的订单混合生产管理流程，并结合马尔科夫工作流相关定义，将工艺流程分解为位置节点集合 P 及过渡节点集合 T，集合 P 和 T 的具体描述如表 7-1 和表 7-2 所示，同构的数字孪生体工作流冲突诊断模型对应的转换状态集合 S 的具体描述如表 7-3 所示。

表7-1 位置节点集合 P

位置节点	描述	位置节点	描述
p_1	用户或销售预测部门	p_9	生产排序及装车号生成
p_2	市场部	p_{10}	发料
p_3	调配计划形成	p_{11}	底盘号管理
p_4	预测计划形成	p_{12}	材料零件上线
p_5	销售评估	p_{13}	整车加工
p_6	制造计划形成	p_{14}	整车下线入库
p_7	材料零件采购	p_{15}	整车出库
p_8	材料零件入库	p_{16}	订单核销并交付

表7-2 过渡节点集合 T

过渡节点	描述	过渡节点	描述
t_1	订单准备	t_9	排序及装车号生成准备
t_2	市场情况分析	t_{10}	发料准备
t_3	调配计划分析	t_{11}	底盘号分析
t_4	预测计划分析	t_{12}	材料零件上线准备
t_5	销售分析	t_{13}	整车加工准备
t_6	制造计划分析	t_{14}	整车下线入库准备
t_7	材料零件采购准备	t_{15}	整车出库准备
t_8	材料零件入库准备	t_{16}	订单核销并交付的分析

表7-3　转换状态节点集合S

状态节点	描述	状态节点	描述
s_1	用户或销售预测部门完成	s_9	生产排序及装车号完成
s_2	市场部完成	s_{10}	发料完成
s_3	调配计划完成	s_{11}	底盘号管理完成
s_4	预测计划完成	s_{12}	材料零件上线完成
s_5	销售评估完成	s_{13}	整车加工完成
s_6	制造计划完成	s_{14}	整车下线入库完成
s_7	材料零件采购完成	s_{15}	整车出库完成
s_8	材料零件入库完成	s_{16}	订单核销并交付完成

　　将表 7-1 至表 7-3 中的数据输入算法 MkoWSA 中，得出该汽车制造企业汽车制造工艺链订单混合生产管理的数字孪生体工作流冲突诊断模型及其对应的状态转换，如图 7-8 所示。

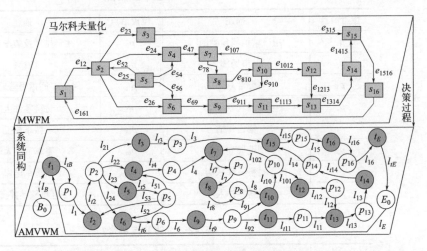

图 7-8　数字孪生体工作流冲突诊断模型及状态转换生成过程

　　该图比较直观地描述了该汽车制造企业汽车制造工艺链订单混合生产管理的调度关系，可结合状态转换数据进一步分析执行性能。

7.5.1.2　订单混合生产管理数字孪生体工作流冲突诊断模型执行性能分析

　　该汽车制造企业订单混合生产管理的具体流程按各部门及相关人员自身的工作节奏进行，根据日常统计数据，该流程位置节点集合 P 及过渡节点集合 T 中各节点的平均执行时间，如表 7-4 和表 7-5 所示。

表7-4 位置节点p_i的平均执行时间

单位：天

位置节点	执行时间	位置节点	执行时间	位置节点	执行时间
p_1	3	p_7	15	p_{13}	14
p_2	4	p_8	5	p_{14}	3
p_3	2	p_9	2	p_{15}	2
p_4	2	p_{10}	1	p_{16}	14
p_5	5	p_{11}	1		
p_6	2	p_{12}	2		

表7-5 过渡节点t_i的平均执行时间

单位：天

过渡节点	执行时间	过渡节点	执行时间	过渡节点	执行时间
t_1	2	t_7	2	t_{13}	2
t_2	5	t_8	2	t_{14}	1
t_3	5	t_9	1	t_{15}	1
t_4	5	t_{10}	2	t_{16}	2
t_5	5	t_{11}	1		
t_6	2	t_{12}	1		

根据表 7-4 和表 7-5 中的数据，可得出数字孪生体工作流冲突诊断模型状态转换集合 S 的完成时间集合 H 和转换速度集合 V，如表 7-6 和表 7-7 所示。

表7-6 状态节点s_i的完成时间h_i

单位：天

参数	s_1	s_2	s_3	s_4	s_5	s_6	s_7	s_8	s_9	s_{10}	s_{11}	s_{12}	s_{13}	s_{14}	s_{15}	s_{16}
h_i	5	9	7	7	10	7	17	7	3	3	2	3	16	4	3	16

表7-7 状态节点之间的转换时间h_{ji}及转换速度v_i

转换边	条件	时间/天	速度/（节点/天）	转换边	条件	时间/天	速度/（节点/天）
e_{12}	t_2	5	0.2	e_{810}	t_{10}	2	0.5
e_{23}	t_3	5	0.2	e_{910}	t_{10}	2	0.5
e_{24}	t_4	5	0.2	e_{911}	t_{11}	1	1
e_{25}	t_5	5	0.2	e_{107}	t_7	2	0.5
e_{26}	t_6	5	0.2	e_{1012}	t_{12}	1	1
e_{315}	t_{15}	1	1	e_{1113}	t_{13}	2	0.5
e_{47}	t_7	2	0.5	e_{1213}	t_{13}	2	0.5
e_{52}	t_2	5	0.2	e_{1314}	t_{14}	1	1

转换边	条件	时间/天	速度/(节点/天)	转换边	条件	时间/天	速度/(节点/天)
e_{54}	t_4	5	0.2	e_{1415}	t_{15}	1	1
e_{56}	t_6	5	0.2	e_{1516}	t_{16}	2	0.5
e_{69}	t_9	1	1	e_{161}	t_1	2	0.5
e_{78}	t_8	2	0.5				

根据算法 MkoWSA，并结合表 7-6 和表 7-7 中的数据，可形成数字孪生体工作流冲突诊断模型 $MWFM$，如图 7-9 所示。

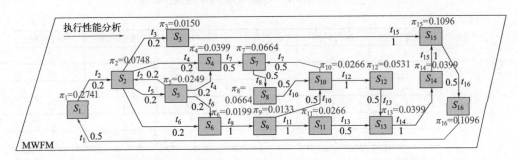

图 7-9 数字孪生体工作流冲突诊断模型 $MWFM$

根据图 7-9 中各状态节点的转换情况及转换速度，利用式（7-1），可求得状态转移马尔科夫矩阵 $\boldsymbol{M}$。

$$\boldsymbol{M} = \begin{bmatrix}
-0.2 & 0.2 & 0 & 0 & 0 & 0 & 0 & 0 & 0 & 0 & 0 & 0 & 0 & 0 & 0 & 0 \\
0 & -0.8 & 0.2 & 0.2 & 0.2 & 0.2 & 0 & 0 & 0 & 0 & 0 & 0 & 0 & 0 & 0 & 0 \\
0 & 0 & -1 & 0 & 0 & 0 & 0 & 0 & 0 & 0 & 0 & 0 & 0 & 0 & 1 & 0 \\
0 & 0 & 0 & -0.5 & 0 & 0.5 & 0 & 0 & 0 & 0 & 0 & 0 & 0 & 0 & 0 & 0 \\
0 & 0.2 & 0 & 0.2 & -0.6 & 0.2 & 0 & 0 & 0 & 0 & 0 & 0 & 0 & 0 & 0 & 0 \\
0 & 0 & 0 & 0 & 0 & -1 & 0 & 1 & 0 & 0 & 0 & 0 & 0 & 0 & 0 & 0 \\
0 & 0 & 0 & 0 & 0 & 0 & -0.5 & 0.5 & 0 & 0 & 0 & 0 & 0 & 0 & 0 & 0 \\
0 & 0 & 0 & 0 & 0 & 0 & -0.5 & 0 & 0.5 & 0 & 0 & 0 & 0 & 0 & 0 & 0 \\
0 & 0 & 0 & 0 & 0 & 0 & 0 & -1.5 & 0.5 & 1 & 0 & 0 & 0 & 0 & 0 & 0 \\
0 & 0 & 0 & 0 & 0 & 0.5 & 0 & 0 & -1.5 & 0 & 1 & 0 & 0 & 0 & 0 & 0 \\
0 & 0 & 0 & 0 & 0 & 0 & 0 & 0 & 0 & -0.5 & 0 & 0.5 & 0 & 0 & 0 & 0 \\
0 & 0 & 0 & 0 & 0 & 0 & 0 & 0 & 0 & 0 & -0.5 & 0.5 & 0 & 0 & 0 & 0 \\
0 & 0 & 0 & 0 & 0 & 0 & 0 & 0 & 0 & 0 & 0 & 0 & -1 & 1 & 0 & 0 \\
0 & 0 & 0 & 0 & 0 & 0 & 0 & 0 & 0 & 0 & 0 & 0 & 0 & -1 & 1 & 0 \\
0 & 0 & 0 & 0 & 0 & 0 & 0 & 0 & 0 & 0 & 0 & 0 & 0 & 0 & -0.5 & 0.5 \\
0.5 & 0 & 0 & 0 & 0 & 0 & 0 & 0 & 0 & 0 & 0 & 0 & 0 & 0 & 0 & -0.5
\end{bmatrix}_{16 \times 16}$$

根据式（7-2）可得方程组 7-5。

$$\begin{cases} (\pi_1,\pi_2,\pi_3,\pi_4,\pi_5,\pi_6,\pi_7,\pi_8,\pi_9,\pi_{10},\pi_{11},\pi_{12},\pi_{13},\pi_{14},\pi_{15},\pi_{16}).M = 0 \\ \sum_{i=1}^{16} \pi_i = 1 \end{cases} \quad (7\text{-}5)$$

方程组（7-5）可化简为方程组（7-6）：

$$\begin{cases} -0.2\pi_1 + 0.5\pi_{16} = 0; \\ 0.2\pi_1 - 0.8\pi_2 + 0.2\pi_5 = 0; \\ 0.2\pi_2 - \pi_3 = 0; \\ 0.2\pi_2 - 0.5\pi_4 + 0.2\pi_5 = 0; \\ 0.2\pi_2 - 0.6\pi_5 = 0; \\ 0.2\pi_2 + 0.2\pi_5 - \pi_6 = 0; \\ 0.5\pi_4 - 0.5\pi_7 + 0.5\pi_{10} = 0; \\ 0.5\pi_7 - 0.5\pi_8 = 0; \\ \pi_6 - 1.5\pi_9 = 0; \\ 0.5\pi_8 + 0.5\pi_9 - 1.5\pi_{10} = 0; \\ \pi_9 - 0.5\pi_{11} = 0; \\ \pi_{10} - 0.5\pi_{12} = 0; \\ 0.5\pi_{11} + 0.5\pi_{12} - \pi_{13} = 0; \\ \pi_{13} - \pi_{14} = 0; \\ \pi_3 + \pi_{14} - 0.5\pi_{15} = 0; \\ 0.5\pi_{15} - 0.5\pi_{16} = 0; \\ \pi_1 + \pi_2 + \pi_3 + \pi_4 + \pi_5 + \pi_6 + \pi_7 + \pi_8 + \pi_9 + \pi_{10} + \pi_{11} + \pi_{12} + \pi_{13} \\ \quad + \pi_{14} + \pi_{15} + \pi_{16} = 1 \end{cases} \quad (7\text{-}6)$$

进一步求解方程组（7-6），可得出图 7-9 中各转换状态节点 s_i 的稳态概率 π_i 的近似值（小数点后保留四位），如表 7-8 所示，然后将这些值标注至图 7-9 中。

表7-8　状态节点 s_i 的稳态概率 π_i

概率 π_i	概率值	概率 π_i	概率值	概率 π_i	概率值	概率 π_i	概率值
π_1	0.2741	π_5	0.0249	π_9	0.0133	π_{13}	0.0399
π_2	0.0748	π_6	0.0199	π_{10}	0.0266	π_{14}	0.0399
π_3	0.0150	π_7	0.0664	π_{11}	0.0266	π_{15}	0.1096
π_4	0.0399	π_8	0.0664	π_{12}	0.0531	π_{16}	0.1096

利用式（7-3），并结合表7-6和表7-8中的数据，可计算图7-9中各转换状态节点 s_i 的平均执行比例时间 $avgh_i$，如表7-9所示。

表7-9　状态节点s_i的平均执行比例时间$avgh_i$　　　　单位：天

平均执行比例时间 $avgh_i$	时间值	平均执行比例时间 $avgh_i$	时间值	平均执行比例时间 $avgh_i$	时间值	平均执行比例时间 $avgh_i$	时间值
$avgh_1$	1.3705	$avgh_5$	0.2490	$avgh_9$	0.0399	$avgh_{13}$	0.6384
$avgh_2$	0.6732	$avgh_6$	0.1393	$avgh_{10}$	0.0798	$avgh_{14}$	0.1596
$avgh_3$	0.1050	$avgh_7$	1.1288	$avgh_{11}$	0.0532	$avgh_{15}$	0.3288
$avgh_4$	0.2793	$avgh_8$	0.4648	$avgh_{12}$	0.1593	$avgh_{16}$	1.7536

利用式（7-4），并结合表7-9中的数据，可计算出数字孪生体工作流冲突诊断模型 MWFM 一个执行周期的总体平均执行比例时间 $SavgH=7.6225$，即订单混合生产管理平均执行比例时间约为 7.6225 天。

将状态转换节点集合 S 进行系统同构转换，可求得订单混合生产管理工作流模型 AMVWM 位置节点集合 P 中各位置节点 p_i 在一个执行周期内的平均执行比例时间规律，如图7-10所示。

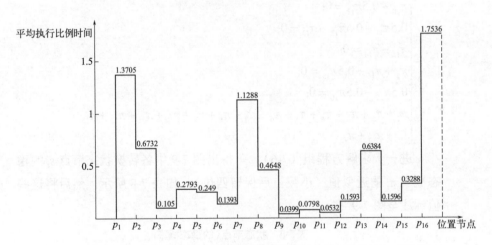

图 7-10　模型 AMVWM 各位置节点 p_i 的周期变化轨迹

7.5.2　模型冲突诊断过程验证

汽车制造大致经历了汽车冲压工艺、汽车焊装工艺、汽车涂装工艺、汽车总装工艺和汽车检测工艺五个主要工艺流程。在冲压工艺之前还包括汽车原材料如钢板的采购流程，在涂装工艺流程中还包括车漆的采购流程，在总装工艺流程中还包括车内零部件采购流程。这里忽略某些次要工艺流程，假设各工艺生产过程内部不存在工序等设备生产冲突，重点诊断各工艺交接处是否存在资源输入和成品、半成品输出等资源使用冲突。

（1）生产工艺故障冲突诊断

将该汽车制造企业的汽车制造整体工艺流程进行抽象，得到各工艺的位置节点集合 P 和过渡节点集合 T，具体描述如表7-10和表7-11所示。

表7-10　整体工艺位置节点集合 P

位置节点	描述	位置节点	描述
p_1	钢板材料源甲	p_{11}	车漆供应商
p_2	供应商甲	p_{12}	车漆采购部
p_3	钢板材料源乙	p_{13}	涂装车间
p_4	供应商乙	p_{14}	车内饰零部件源
p_5	钢板材料源丙	p_{15}	车内饰供应商
p_6	供应商丙	p_{16}	车内饰采购部
p_7	钢板采购部	p_{17}	总装车间
p_8	冲压车间	p_{18}	质检车间
p_9	焊装车间	p_{19}	成车库
p_{10}	车漆材料源		

表7-11　整体工艺过渡节点集合 T

过渡节点	描述	过渡节点	描述
t_2	供应商甲资源准备	t_{11}	车漆供应商资源准备
t_4	供应商乙资源准备	t_{12}	车漆采购准备
t_6	供应商丙资源准备	t_{13}	涂装准备
t_{71}	钢板采购准备	t_{15}	车内饰供应商资源准备
t_{72}	钢板采购准备	t_{16}	车内饰采购准备
t_{73}	钢板采购准备	t_{17}	总装准备
t_8	冲压准备	t_{18}	质检准备
t_9	焊装准备	t_{19}	入库准备

将集合 P 和集合 T 输入建模算法 WSMA 及故障冲突诊断算法 D-CWCDA 后，可建立汽车制造整体数字孪生体工作流冲突诊断模型，

如图 7-11 所示。

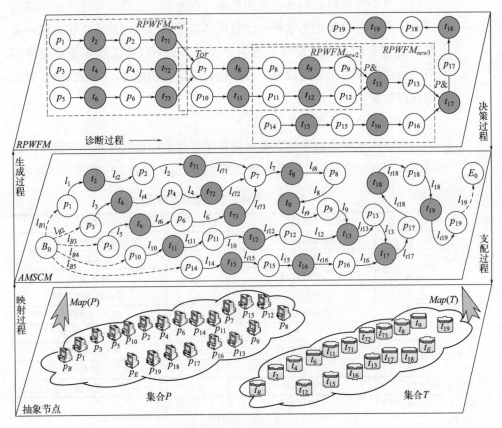

图 7-11　汽车制造整体数字孪生体工作流冲突诊断模型

进一步输入各阶段初始位置节点工作状态矩阵 **I** 及终止位置节点工作状态矩阵 **F**，并利用故障冲突诊断算法 D-CWCDA，可对图 7-11 所示的汽车制造整体数字孪生体工作流冲突诊断模型进行诊断，以便发现其中存在的资源使用冲突，及时进行修改整顿。

（2）生产工艺故障冲突求解分析

从图 7-11 顶层的 RPWFM 模型可知，共有三个主要的工序交接处，分别为钢板资源采购后交接至冲压车间、焊装车间半成品和车漆采购后交接至涂装车间、涂装车间半成品和车内饰零部件采购后交接至总装车间。这三个工序交接处形成三个资源，利用数字孪生体工作流冲突诊断资源输入—产品输出模型分别标记为 $RPWFM_{new1}$、$RPWFM_{new2}$ 和 $RPWFM_{new3}$。结合该汽车制造企业某次具体的资源交接数据，对这三个数字孪生体工作流冲突诊断资源输入—产品输出模型进行资源冲突诊断。

① 数字孪生体工作流冲突诊断资源输入 - 产品输出模型 $RPWFM_{new1}$ 的资源使用故障冲突诊断及求解分析。

模型 $RPWFM_{new1}$ 由三条工作流组成，当某供应商收到钢板资源采购部发来的合同后，按各自工作模式完成钢板的供应。当采购部收到某一供应商供应的钢板材料后，交至冲压车间完成钢板的冲压工作。经分析，这一过程符合多过渡节点汇总单一位置点操作规则，即 Tor 操作。模型 $RPWFM_{new1}$ 的初始位置节点工作状态矩阵 I_{new1}、终止位置节点工作状态矩阵 F_{new1}、Tor 操作后的资源输入矩阵 EN_{new1} 和成品输出矩阵 EX_{new1} 如下。

$$EN_{new1} = \begin{array}{c} \\ t_2 \\ t_4 \\ t_6 \\ t_{71} \\ t_{72} \\ t_{73} \end{array} \overset{\begin{array}{ccccccc} p_1 & p_2 & p_3 & p_4 & p_5 & p_6 & p_7 \end{array}}{\begin{bmatrix} 1 & 0 & 0 & 0 & 0 & 0 & 0 \\ 0 & 0 & 1 & 0 & 0 & 0 & 0 \\ 0 & 0 & 0 & 0 & 1 & 0 & 0 \\ 0 & 1 & 0 & 0 & 0 & 0 & 0 \\ 0 & 0 & 0 & 1 & 0 & 0 & 0 \\ 0 & 0 & 0 & 0 & 0 & 1 & 0 \end{bmatrix}_{6\times7}}$$

$$EX_{new1} = \begin{array}{c} \\ t_2 \\ t_4 \\ t_6 \\ t_{71} \\ t_{72} \\ t_{73} \end{array} \overset{\begin{array}{ccccccc} p_1 & p_2 & p_3 & p_4 & p_5 & p_6 & p_7 \end{array}}{\begin{bmatrix} 0 & 1 & 0 & 0 & 0 & 0 & 0 \\ 0 & 0 & 0 & 1 & 0 & 0 & 0 \\ 0 & 0 & 0 & 0 & 0 & 1 & 0 \\ 0 & 0 & 0 & 0 & 0 & 0 & 1 \\ 0 & 0 & 0 & 0 & 0 & 0 & 1 \\ 0 & 0 & 0 & 0 & 0 & 0 & 1 \end{bmatrix}_{6\times7}}$$

$$I_{new1} = (1 \quad 0 \quad 1 \quad 0 \quad 1 \quad 0 \quad 0)$$

$$F_{new1} = (0 \quad 0 \quad 0 \quad 0 \quad 0 \quad 0 \quad 1)$$

设置位置节点未知可达矩阵 $G_{new1}=(g_1,g_2,g_3,g_4,g_5,g_6)$，将上述各矩阵数据代入方程式 $G_{new1}=(F_{new1}-I_{new1})\cdot(EX_{new1}-EN_{new1})^{-1}$ 求解，发现没有满足该方程的正整数解，说明数字孪生体工作流冲突诊断资源输入—产品输出模型 $RPWFM_{new1}$ 中存在资源使用故障冲突。

进一步分析资源使用故障冲突发现，该工艺中存在三个钢板原材料供应商，而冲压车间的运行条件为有充足的钢板资源，当满足该条件后工作流便继续进行，因此可能产生至少两个供应商资源浪费的情况。为此，应改变供应商资源使用策略，在三个供应商中优中选优，确定一个主要供应商、一个备用个供应商，精简一个供应商。

②数字孪生体工作流冲突诊断资源输入 - 产品输出模型 $RPWFM_{new2}$ 的资源使用故障冲突诊断及求解分析。

模型 $RPWFM_{new2}$ 由两条资源供应工作流组成，当供应商收到车漆资源采购部发来的供应合同后，按规定的工作模式完成车漆的供应。当采购部收到供应商供应的车漆材料后交至涂装车间，涂装车间根据焊装车间交付的半成品完成车身的涂装工作。经分析，这一过程符合多位置节点汇总单一过渡节点操作规则，即 $P\&$ 操作。模型 $RPWFM_{new2}$ 的初始位置节点工作状态矩阵 I_{new2}、终止位置节点工作状态矩阵 F_{new2}、$P\&$ 操作后的资源输入矩阵 EN_{new2} 和成品输出矩阵 EX_{new2} 如下。

$$EN_{new2} = \begin{array}{c} \\ t_8 \\ t_9 \\ t_{11} \\ t_{12} \\ t_{13} \end{array} \begin{array}{c} p_7\ p_8\ p_9\ p_{10}\ p_{11}\ p_{12}\ p_{13} \\ \begin{bmatrix} 1 & 0 & 0 & 0 & 0 & 0 & 0 \\ 0 & 1 & 0 & 0 & 0 & 0 & 0 \\ 0 & 0 & 0 & 1 & 0 & 0 & 0 \\ 0 & 0 & 0 & 0 & 1 & 0 & 0 \\ 0 & 0 & 1 & 0 & 0 & 1 & 0 \end{bmatrix}_{5\times7} \end{array}$$

$$EX_{new2} = \begin{array}{c} \\ t_8 \\ t_9 \\ t_{11} \\ t_{12} \\ t_{13} \end{array} \begin{array}{c} p_7\ p_8\ p_9\ p_{10}\ p_{11}\ p_{12}\ p_{13} \\ \begin{bmatrix} 0 & 1 & 0 & 0 & 0 & 0 & 0 \\ 0 & 0 & 1 & 0 & 0 & 0 & 0 \\ 0 & 0 & 0 & 0 & 1 & 0 & 0 \\ 0 & 0 & 0 & 0 & 0 & 1 & 0 \\ 0 & 0 & 0 & 0 & 0 & 0 & 1 \end{bmatrix}_{5\times7} \end{array}$$

$$I_{new2} = (1\ \ 0\ \ 0\ \ 1\ \ 0\ \ 0\ \ 0)$$

$$F_{new2} = (0\ \ 0\ \ 0\ \ 0\ \ 0\ \ 0\ \ 1)$$

设置位置节点未知可达矩阵 $G_{new2}=(g_1,g_2,g_3,g_4,g_5)$，将各矩阵数据代入方程式 $G_{new2}=(F_{new2}-I_{new2})\cdot(EX_{new2}-EN_{new2})^{-1}$ 求解，发现有正整数解 $G_{new2}=(1,1,1,1,1)$，说明数字孪生体工作流冲突诊断资源输入—产品输出模型 $RPWFM_{new2}$ 中不存在资源使用故障冲突。

③ 数字孪生体工作流冲突诊断资源输入 - 产品输出模型 $RPWFM_{new3}$

的资源使用故障冲突诊断及求解分析。

模型 $RPWFM_{new3}$ 由两条资源供应工作流组成，当供应商收到车内饰零部件资源采购部发来的供应合同后，按规定的工作模式完成车内饰零部件的供应。当采购部收到供应商供应的车内饰零部件后交至总装车间，总装车间根据涂装车间交付的半成品完成整车的总装工作。经分析，这一过程符合多位置节点汇总单一过渡节点操作规则，即 $P\&$ 操作。模型 $RPWFM_{new3}$ 的初始位置节点工作状态矩阵 I_{new3}、终止位置节点工作状态矩阵 F_{new3}、$P\&$ 操作后的资源输入矩阵 EN_{new3} 和成品输出矩阵 EX_{new3} 如下。

$$
EN_{new3} =
\begin{array}{c}
\\ t_9 \\ t_{12} \\ t_{13} \\ t_{15} \\ t_{16} \\ t_{17}
\end{array}
\begin{array}{c}
p_8\ p_9\ p_{10}\ p_{11}\ p_{12}\ p_{13}\ p_{14}\ p_{15}\ p_{16}\ p_{17} \\
\left[
\begin{array}{ccccccccc}
1 & 0 & 0 & 0 & 0 & 0 & 0 & 0 & 0 \\
0 & 0 & 1 & 0 & 0 & 0 & 0 & 0 & 0 \\
0 & 1 & 0 & 1 & 0 & 0 & 0 & 0 & 0 \\
0 & 0 & 0 & 0 & 0 & 1 & 0 & 0 & 0 \\
0 & 0 & 0 & 0 & 0 & 0 & 1 & 0 & 0 \\
0 & 0 & 0 & 0 & 1 & 0 & 0 & 1 & 0
\end{array}
\right]_{6\times9}
\end{array}
$$

$$
EX_{new3} =
\begin{array}{c}
\\ t_9 \\ t_{12} \\ t_{13} \\ t_{15} \\ t_{16} \\ t_{17}
\end{array}
\begin{array}{c}
p_8\ p_9\ p_{10}\ p_{11}\ p_{12}\ p_{13}\ p_{14}\ p_{15}\ p_{16}\ p_{17} \\
\left[
\begin{array}{ccccccccc}
0 & 1 & 0 & 0 & 0 & 0 & 0 & 0 & 0 \\
0 & 0 & 0 & 1 & 0 & 0 & 0 & 0 & 0 \\
0 & 0 & 0 & 0 & 1 & 0 & 0 & 0 & 0 \\
0 & 0 & 0 & 0 & 0 & 1 & 0 & 0 & 0 \\
0 & 0 & 0 & 0 & 0 & 0 & 1 & 0 & 0 \\
0 & 0 & 0 & 0 & 0 & 0 & 0 & 0 & 1
\end{array}
\right]_{6\times9}
\end{array}
$$

$$I_{new3} = (1\ \ 0\ \ 1\ \ 0\ \ 0\ \ 0\ \ 0\ \ 0\ \ 0)$$

$$F_{new3} = (0\ \ 0\ \ 0\ \ 0\ \ 0\ \ 0\ \ 0\ \ 0\ \ 1)$$

设置位置节点未知可达矩阵 $G_{new3}=(g_1,g_2,g_3,g_4,g_5,g_6)$，将上述各矩阵数据代入方程式 $G_{new3}=(F_{new3}-I_{new3})\cdot(EX_{new3}-EN_{new3})^{-1}$ 求解，发现没有满足该方程的正整数解，说明数字孪生体工作流冲突诊断资源输入—产品输出模型 $RPWFM_{new3}$ 中存在资源使用故障冲突。

进一步分析资源使用故障冲突发现，该工艺初始位置节点工作状态矩阵 I_{new3} 中位置节点 P_{14} 的初始状态为 0，表示该资源没有输入，经调查，发现车内饰供应商出现了交付延迟等现象，导致总装车间无法按时完成整车总装。因此，应对该供应商进行交付督促、降阶评价等管理操作，并进一步监控整车装配后续工艺。

综上所述，改变了各资源使用交接处的策略后，汽车制造总体数字孪生体工作流冲突诊断资源输入 - 产品输出模型 *RPWFM* 不存在接口处资源使用故障冲突，而各部门内部工作流是一个局部整体，因此也不存在资源使用故障冲突。这样，数字孪生体工作流冲突诊断资源输入 - 产品输出模型 *RPWFM* 整体不存在资源使用故障冲突，可正常工作。

本章小结

智能制造系统涉及的生产流程众多，存在的故障冲突难以被诊断，这严重影响了企业的生产效率和生产质量。为解决此类问题，本章结合某汽车制造企业的工艺链流程，重点阐述了某些生产工艺流程的故障冲突诊断过程，并对系统执行性能进行了分析，介绍了汽车制造数字孪生体工作流冲突诊断模型量化求解算法 MkoWSA 和故障冲突诊断算法 D-CWCDA，以及这些算法的开发策略。

智能制造系统的
数字孪生技术

建模、优化
及故障诊断

Chapter 8

第 8 章

智能制造的数字孪生系统平台

　　基于数字孪生的智能制造系统，是一个融合多种技术的平台，能够反映多资源、多部门交互配合的过程，能够根据市场需求的变化和加工技术水平的更新不断升级。因此，该系统平台具备一定的信息传递性、资源协调性和多用户交互性，其性能的高低将决定了资源配置的有效性，可避免出现生产滞后或停工等现象，为企业规避一定的风险。本章将结合汽车制造企业的通用流程，将前面所述的各类算法进行集成，设计并开发基于数字孪生的汽车制造协同调度系统平台，希望能对其他智能制造系统数字孪生系统平台的设计开发起到一定的启示作用。

8.1

系统平台概述

8.1.1 制造企业现状分析

　　智能制造的数字孪生系统平台应紧密结合制造企业的当前状况，因此，全面分析制造企业现状是开发系统平台的前提。目前，制造企业现状分析主要从以下几个方面进行。

　　（1）制造企业自身分析

　　制造企业自身分析对开发智能制造的数字孪生系统平台起到至关重要的作用，因为系统平台要充分反映制造企业自身的发展情况，不能脱离实际，这样才能最大化地发挥系统平台的效能，为制造企业的生产及发展提供有力的监督和促进作用。制造企业自身分析主要从以下几方面进行。

　　① 制造企业在国内同行业的地位；

　　② 制造企业所属行业的特点及遵守的行业规定；

　　③ 制造企业的隶属关系及组织机构形式；

　　④ 制造企业的规模及各部门的分布情况；

　　⑤ 制造企业的主要生产指标；

　　⑥ 制造企业生产资料的总体情况；

　　⑦ 制造企业的规模及人员素质情况。

　　（2）制造企业运营方式分析

　　智能制造的数字孪生系统平台要兼顾企业的运营方式，充分反映所生产产品的特点。因此，要做好制造企业运营方式的分析，主要从以下几方面进行：

　　① 产品订单的加工模式；

　　② 产品的种类及功能特点；

　　③ 产品加工工艺的复杂程度；

④ 产品加工设备的先进程度；

⑤ 企业的成本构成形式。

（3）制造企业市场定位分析

智能制造的数字孪生系统平台应具备一定的市场预测分析功能。因此要充分分析制造企业在国内外相关市场的产品占有率，并根据企业市场占有率，开发合理的平台分析智能算法。

（4）制造企业机构管理流程分析

制造企业的机构管理流程决定了智能制造数字孪生系统平台的整体架构及模块划分。目前，制造企业的机构管理模式主要有直接制、职责制、直接职责制、分权制、目标驱动制、多维混合制等。这些机构管理模式有各自的优缺点和特点，这也决定了系统平台开发时所采取的策略存在一定的差异。

（5）制造企业生产过程及相关技术分析

企业生产产品时所采用的生产工艺流程及现有的计算机相关技术和人员素质，对于系统平台的开发也很关键。可从现有设备基本情况、生产工艺流程情况、计算机资源情况、工业自动化应用情况、物联网使用情况、人员综合素质等方面进行综合分析，得出较为全面的需求报告。目前，针对生产工艺流程，常用的分析手段有工艺流程图和物流过程图两种。

8.1.2　需求及目标设计

智能制造数字孪生系统平台的一般需求及目标设计如下。

8.1.2.1　系统平台的需求

建立系统平台的根本目的是提高企业产品的市场竞争力。为此，要充分了解制造企业系统平台的开发需求，主要包括技术需求和运营需求。制造企业各部门的生产需求与企业总体的运营目标存在着一定的相关性，因而要从宏观的角度厘清这些关系，找出它们之间的关联程度，使开发的系统平台能最优地平衡各部门的生产需求，实现制造企业总体的运营目标。通常情况下，制造企业各部门需求与企业总体运营目标的关联情况，如图 8-1 所示。

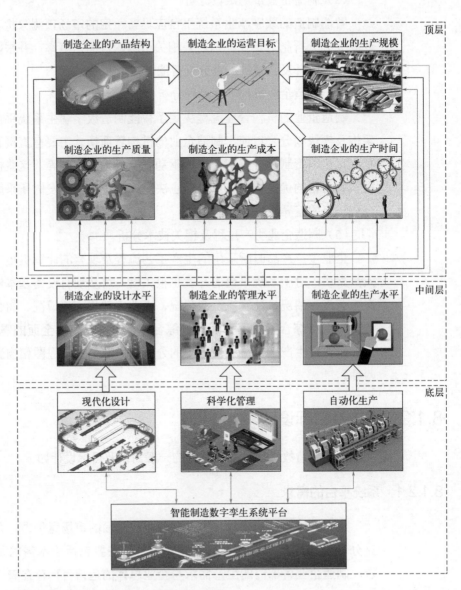

图 8-1　部门需求与企业运营目标的关联

一般情况下，智能制造数字孪生系统平台可显著提高制造企业产品的市场竞争力，为企业带来收益。然而，系统平台也存在一定的缺陷，需要制造企业经营者通过其他手段进行弥补，主要体现为以下几个方面。

（1）系统平台智能化缺陷

智能制造数字孪生系统平台虽然集成了智能化算法，可仿真产品的制造过程进行优化，作出最优生产决策。但由于人工智能技术尚属发展阶段，并不能完全代替人类的创新理念和产品的最新设计思想。此外，企业员工的自身素质对发挥系统平台的效能也起到至关重要的作用。为此，企业经营者需要持续投入，不断更新系统，弥补这方面的不足。

（2）系统平台阶段性缺陷

系统平台集多方面技术于一体，而各技术均受限于时代的发展，呈现一定的阶段性，这就导致了系统平台具有阶段性技术缺陷。因此，企业经营者需要持续关注，不断升级技术。

8.1.2.2　系统平台的目标设计

将系统平台的需求逐步细化，并根据不同阶段的细化结果设计系统平台的总体目标和局部目标。

（1）总体目标

系统平台的总体目标也是企业发展的总目标，反映了企业在未来一段时间内需要完成的任务总和，代表了企业的发展方向，也是企业各部门为之奋斗的共同目标。系统平台的总体目标呈现一定的阶段性，这主要是根据企业在不同阶段的发展需求决定的。为此，可将系统平台的总体目标设计为长期目标和阶段性目标。系统平台的长期目标具有一定的战略意义，它关系到企业未来的发展；而系统平台的阶段性目标则更为具体，可操作性强，不宜过大过空，要紧密结合市场现阶段的特点。系统平台的阶段性目标一般每四年设计并实施一次，步骤如下。

① 完成或更新系统平台所需的相关基础设施；

② 完成或更新系统平台各功能模块；

③ 完成或更新系统平台的集成。

（2）局部目标

系统平台的局部目标主要是指系统为各生产部门制定的目标，实质上是企业各生产指标的摊派过程。由于生产指标具有多样性，因此系统平台的局部目标具有多维性，可使用目标矩阵进行描述。系统平台的局部目标可分为功能性目标、集成性目标、应用性目标、效益性目标等。

8.2
系统平台的总体设计

8.2.1 总体原则

智能制造数字孪生系统平台对于企业的发展起到了重要的指导作用，为此系统平台的开发应遵循以下原则。

（1）着眼全局面向未来

智能制造数字孪生系统平台要统筹企业全局，兼顾各生产部门在企业发展中的责任，平衡各部门之间的依赖关系，充分分析国内外市场的最新局势。这样，才能开发出行之有效的系统平台。同时，系统平台是一款长期使用的智能化综合系统。因此，要充分考虑技术和企业发展理念的升级，让系统平台面向未来，保持技术和理念的先进性。

（2）面向标准化

技术标准化以独特的优势引起了各技术领域的高度重视，智能制造数字孪生系统平台也要遵循该原则，积极确定系统各模块的统一标准、统一接口和统一通信协议，实现系统平台多设备相互兼容、方便维护等目的。

（3）面向技术融合

制造企业的生产过程十分复杂，往往涉及多个领域的不同技术。因此，智能制造数字孪生系统平台的开发势必涉及多种技术的融合问题。为此，要充分整合制造企业现有计算机系统和设备控制系统的软硬件资源，甚至要确定企业技术人员的操作规范，保持系统平台在多技术条件下规范运行。

（4）面向企业改革

随着社会的不断进步，企业的经营模式也在发生着改变，这就促使企业不断改革。企业不同的经营理念势必对智能制造数字孪生系统平台建设造成一定的影响。因此系统平台的开发过程要充分考虑这方面的因素，及时规避这方面的风险。

（5）面向设备升级和技术改造

为适应市场发展的需要，传统制造企业老旧设备的改造和相关技术的升级也势在必行。然而，设备的改造和技术的升级不仅需要大量的资金投入，也需要一定的时间投入，这也给系统平台的开发带来了风险。为规避此类风险，智能制造数字孪生系统平台的开发应做好以下几方面的工作。

① 充分理解老旧设备改造和技术升级的总方针、总目标，合理安排时间进度，及时调整系统平台的开发设计方案；

② 统筹规划企业发展的资金和时间，既要考虑老旧设备升级和技术改造的资金和时间投入，又要考虑系统平台的资金投入和技术时效性；

③ 制定老旧设备改造和技术升级方案，做好改造和升级后新设备和新技术的兼容性工作。

8.2.2　智能制造资源描述及分类

智能制造系统的结构复杂，人员和部门以及工艺流程众多，涉及的制造资源也十分复杂。综合考虑各方面因素，并结合某汽车制造企业的实际情况，将制造资源定义为，在汽车生命周期内，可以产生一切价值（包括直接价值和间接价值）的资源和服务的总和。因此，将该汽车制造企业的智能制造资源分为制造资源和服务资源两大类，制造资源又分为硬件制造资源、软件制造资源和制造能力资源三类，它们之间的从属关系如图 8-2 所示。

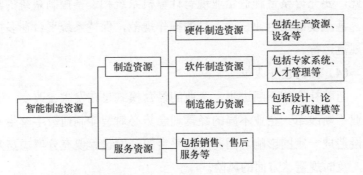

图 8-2　智能制造资源的分类

其中，硬件制造资源主要包括制造企业的生产原材料及零部件、生产设备、供应商等反映硬加工实力的资源情况；软件制造资源主要包括制造企业的专家系统、人才储备、数据积累等反映软加工实力的资源情况；制造能力资源主要包括制造企业生产计划的制订、方案设计论证、数字孪生模型仿真及验证等反映前瞻实力的资源情况；服务资源主要包括制造企业的质量认证服务、销售服务、物流服务、售后服务等反映保障实力的资源情况。

8.2.3　智能制造资源协控共享

汽车智能制造数字孪生系统平台的复杂性决定了制造资源应该具备很强的共享能力。汽车制造企业的生产车间是整个制造资源的核心，也是企业各品牌系列汽车车型设计、仿真、验证及装配的中心区域，它决定着每一类制造资源的流动方式。汽车制造的五大工艺都需要制造资源的保障，尤其是原材料及零部件等硬件制造资源。为避免某一制造资源短缺而出现工期延误的现象，该汽车制造企业应选择信誉度高的供应商作为其制造资源的固定供应者。但是，由于供应商同时会向多个汽车制造企业供应制造资源，因此也会出现供应不及时的现象，这就要求汽车智能制造数字孪生系统平台具备多供应商供应能力评价及挖掘的能力。

汽车智能制造数字孪生系统平台共享结构如图 8-3 所示。各制造资源通过网络集成在一起，系统平台负责完成资源的协控调度，以便于生产，主要包括汽车制造集成、供应商供应集成和用户反馈集成。汽车制造集成主要完成各车间设计开发、设备选择、装配模具、涂装和检测用具等资源的集成工作；供应商供应集成主要完成原材料、零部件、各控制系统、安全系统及相关生产软件等资源的集成工作；用户反馈集成主要完成用户需求服务、售后服务和个性化设计服务等资源的集成工作。汽车智能制造数字孪生系统平台共享结构可通过调度系统有效地、快速地完成制造资源的动态配置，达到提升企业效率、增强市场竞争力的目的。

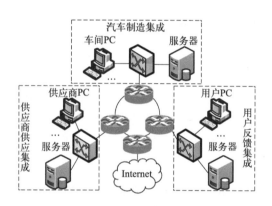

图 8-3　汽车智能制造数字孪生系统平台共享结构

8.2.4　系统平台体系结构

根据智能制造系统各优化调度算法，该汽车制造企业汽车智能制造数字孪生系统平台的主要模块包括数据维护系统、模型维护系统、调度监控管理、资源管理系统和系统维护，如图 8-4 所示。

（1）数据维护系统

该模块主要完成汽车智能制造数字孪生系统平台各模块基础数据的

收集、维护和规范，主要包括车间基础数据维护、供应商基础数据维护、用户基础数据维护和制造资源数据维护。

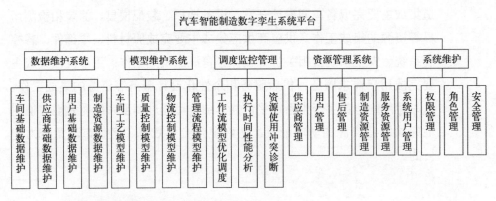

图 8-4　汽车智能制造数字孪生系统平台的功能结构

（2）模型维护系统

该模块主要完成汽车智能制造数字孪生系统平台各工作流模型的建立，以便于其他模块的优化调度，主要包括车间工艺模型维护、质量控制模型维护、物流控制模型维护和管理流程模型维护。

（3）调度监控管理

该模块主要完成汽车智能制造数字孪生系统平台各类工作流模型的优化调度及性能和资源使用冲突的监控，主要包括工作流模型优化调度、执行时间性能分析和资源使用冲突诊断。

（4）资源管理系统

该模块主要完成汽车智能制造数字孪生系统平台各类制造资源的管理工作，主要包括供应商管理、用户管理、售后管理、制造资源管理和服务资源管理。

（5）系统维护

该模块主要完成汽车智能制造数字孪生系统平台自身的管理工作，主要包括系统用户管理、权限管理、角色管理和安全管理。

根据汽车智能制造数字孪生系统平台的功能及运行特点，其系统架构如图 8-5 所示。该架构可显示系统的运行结构及接口联系。

　　汽车智能制造数字孪生系统平台被划分为四层，分别是用户层、系统层、数据层和外部接口层。其中，外部接口层主要用于外部文件或数据的输入，以便于系统所需各类数据的收集；数据层主要用于对系统各类数据的保存，是系统整体功能的数据核心；功能层主要包括汽车智能制造系统的所有软件功能，是系统的功能核心；用户层主要完成系统与各类用户的交互，是系统的外部视图展现。

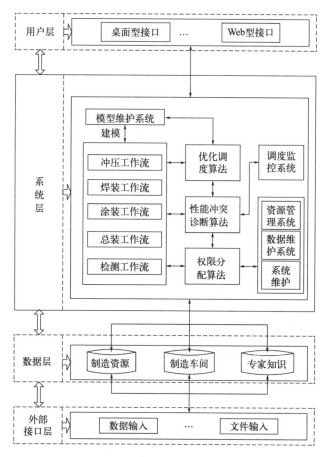

图 8-5　汽车智能制造数字孪生系统平台架构

8.3
系统平台的实现

8.3.1　系统平台的运行环境

本节根据某汽车制造企业的各项管理流程和制造资源的协控共享结构，以汽车制造的"五大生产工艺"为主线，利用 Visual Studio 2010 软件开发工具和 SQL Server 2008 数据库管理系统，采用 C# 语言，对汽车智能制造数字孪生系统平台进行原型设计和开发。

8.3.2　系统平台核心功能展示

为便于汽车智能制造数字孪生系统平台各优化调度算法及各功能模块的集成，可采用 Visual Studio 2010 工具的 C# 语言开发汽车智能制造数字孪生系统平台，其主界面如图 8-6 所示。

图 8-6　汽车智能制造数字孪生系统平台主界面

在主界面中，可对该企业的汽车制造各功能模块进行调度监控。若选择"模型维护"中的"车间工艺模型维护"，则出现图 8-7 所示的界面，可完成具体生产工艺工作流的建模和优化调度。

图 8-7　汽车制造工艺数字孪生建模界面

在图 8-6 所示的界面中，若选择"调度监控"中的"冲压工艺"工作流模型优化调度，则会出现图 8-8 所示的界面，单击"优化分析"，可完成对该工艺的优化调度，并输出决策。

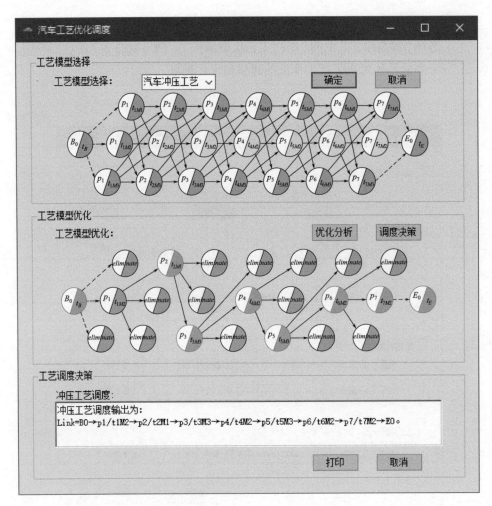

图 8-8　冲压工艺数字孪生优化调度界面

在图 8-6 所示的界面中，若选择"调度监控"中的"执行时间性能分析"，则出现图 8-9 所示的界面，单击"分析"，可完成整体供应链执行时间性能的分析工作，并输出决策。

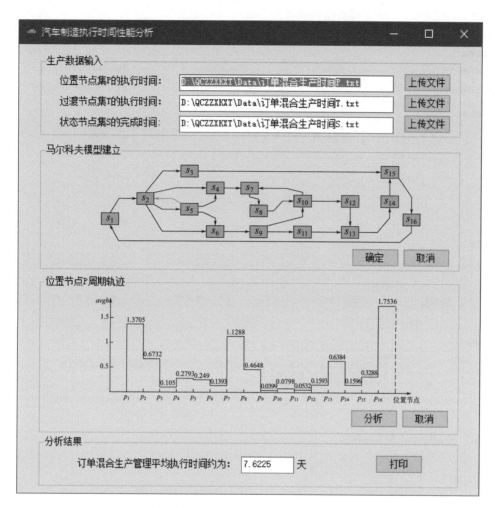

图 8-9　整体执行时间性能的分析界面

　　在图 8-6 所示的界面中，若选择"调度监控"中的"资源使用冲突诊断"，则出现图 8-10 所示的界面，单击"开始诊断"，可完成整体供应链资源使用冲突的诊断工作，并输出结果。

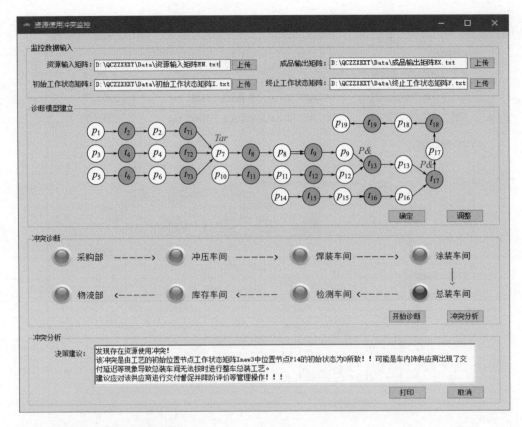

图 8-10 资源使用冲突诊断界面

8.4

系统平台的性能分析

8.4.1 不同优先级制造流程业务能力分析

为测试汽车智能制造数字孪生系统平台处理不同生产工艺数据的负载能力，测试组模拟了三组数据，编号分别是 NO.1、NO.2 和 NO.3，其中，NO.1 表示汽车智能制造数字孪生系统平台处于低等数据负载情况，NO.2 表示汽车智能制造数字孪生系统平台处于中等数据负载情况，NO.3 表示汽车智能制造数字孪生系统平台处于高等数据负载情况。每组数据的格式为（L，M，H），其中，L 表示低优先级业务数，M 表示中优先级业务数，H 表示高优先级业务数。选用的三组数据分别是：NO.1=（15，15，15），NO.2=（25，25，25），NO.3=（35，35，35）。将三组数据输入汽车智能制造数字孪生系统平台且持续测试 10 分钟，则得出系统平台处理不同优先级业务的能力图，如图 8-11 所示。

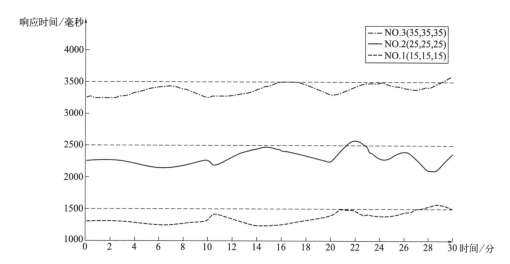

图 8-11　系统平台处理不同优先级业务的能力

　　当系统平台处于低等数据负载情况时，由于网络畅通，所以系统平台处理各种优先级生产业务数据的响应时间基本都在 1.5 秒以下。当系统平台处于中等和高等数据负载情况时，网络基本畅通，所以系统平台处理各种优先级生产业务数据的响应时间均有所增加，但也基本在 2.5 秒和 3.5 秒以下。由此表明，汽车智能制造数字孪生系统平台在不同数据负载情况下，处理不同优先级生产业务的能力尚可，基本满足工程要求。

8.4.2　系统平台稳定性分析

为测试汽车智能制造数字孪生系统平台的稳定性，测试组首先将使用该系统平台的线程随机设置为四个，当每个线程运行稳定后，记录其时间长度；其次，对稳定系统平台的使用线程数进行调整，每次均新增加四个线程，调整十次后，记录每次系统平台稳定运行的时间长度；最后，使用 Matlab 软件得出稳定时间与测试次数的变化规律，如图 8-12 所示。

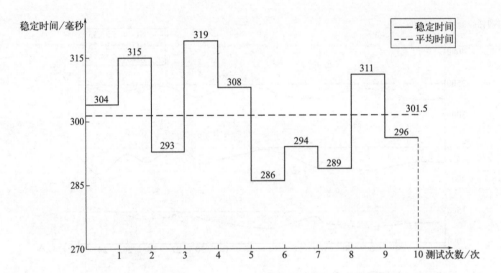

图 8-12　系统稳定时间变化规律

由图可知，汽车智能制造数字孪生系统平台的平均稳定时间为 301.5 毫秒，基本满足一般企业的运行要求，因此，该系统平台具有较好的稳定性。

本章小结

本章结合某汽车制造企业智能制造数字孪生系统平台的具体开发过程，阐述了系统平台的设计需求及目标，介绍了汽车制造资源的分类方法及共享架构。在此基础上，本章还介绍了汽车智能制造数字孪生系统平台的功能结构和软件架构，并利用各智能优化调度模型及算法进行集成，同时采用 C# 语言对系统平台进行了开发及性能分析，得出该系统平台满足企业运行要求的结论。

参考文献

[1] 李忠顺. 智能企业商业模式分类、前因组态及绩效研究 [D]. 广州：广东工业大学，2022.

[2] 刘敏，严隽薇. 智能制造理念、系统与建模方法 [M]. 北京：清华大学出版社，2019.4.

[3] 中国电子信息产业发展研究院. 智能制造测试与评价概论 [M]. 北京：人民邮电出版社，2017.2.

[4] 姚振玖. 国内外智能制造发展现状研究与思考 [J]. 中国国情国力. 2022,353(06):49-52.

[5] GRIEVES M,VICKERS J. Digital Twin: Manufacturing Excellence through Virtual Factory Replication[M]. Transdisciplinary perspectives on comples systems.Springer,Cham, 2017.

[6] 李杨，王洪荣，邹军. 基于数字孪生技术的柔性制造系统 [M]. 上海：上海科学技术出版社，2020.8.

[7] 陶飞，张萌，程江峰，等. 数字孪生车间：一种未来车间运行新模式 [J]. 计算机集成制造系统.2017,23(01):1-9.

[8] 郑明良. 基于数字孪生的智能制造车间监控系统研究 [D]. 天津：天津大学，2021.

[9] 刘强，丁德宇. 智能制造之路：专家智慧实践路线 [M]. 北京：机械工业出版社，2017.7.

[10] 刘玉书，王文. 中国智能制造发展现状和未来挑战 [J]. 学术前沿，2021.12 上：61-77.

[11] 吕玉琳. 基于工业 4.0 技术的智能制造系统开发及其调度优化 [D]. 安徽：安徽大学，2021.

[12] 陶飞，戚庆林，张萌，程江峰. 数字孪生与车间实践 [M]. 北京：清华大学出版社，2021.11.

[13] 谢政，李建平，陈挚. 非线性最优化理论与方法 [M]. 北京：高等教育出版社，2010.1.

[14] 周智华. 机器学习 [M]. 北京：清华大学出版社，2018.1.

[15] 吴修国. 迁移工作流与云工作流 [M]. 上海：上海交通大学出版社，2014.8.

[16] 陈岩光. 数据中心数字孪生应用实践 [M]. 北京：清华大学出版社，2022.1.

[17] 谷富强. 基于数字孪生技术的柔性智能制造系统的关键技术研究 [D]. 上海：上海电机学院，2022.

[18] 刘浩洋，户将，李勇锋，文再文. 最优化：建模、算法与理论 [M]. 北京：高等教育出版社，2022.12.

[19] 罗智勇. 面向工作流的汽车制造供应链协控调度研究 [D]. 哈尔滨：哈尔滨理工大学，2018.

[20] 谭善鑫. 面向工作流的供应链多目标智能优化技术研究 [D]. 哈尔滨：哈尔滨理工大学，2024.

[21] Xie Z.,Yang J.,Zhou Y.,Zhang D.,Tan G.. A dynamic critical path multi-product manufacturing scheduling algorithm based on process[J]. Computer Science. 2011, 34:7-21.

[22] Wu F,Wu Q,Tan Y, et al. PCP-B2: Partial Critical Path Budget Balanced Scheduling Algorithms for Scientific Workflow Applications. Future Gener. Computer System. 2016, 60: 22-34.

[23] 王仲生. 智能故障诊断与容错控制 [M]. 西安：西北工业大学出版社，2005.4.

[24] 张志文. 智能制造环境下混流生产的供应链物流信息协同机制研究 [D]. 洛阳：河南科技大学，2021.